U0161795

中西服饰刺绣比较研究

刘丹◎著

中国纺织出版社有限公司

内 容 提 要

中国传统文化源远流长、博大精深，刺绣作为世界非物质遗产之一，是"丝绸之路"文化交流的使者，以深远的历史底蕴和精湛的艺术造诣，一直保有一定的关注度。本书从中西服饰刺绣的比较研究出发，把二者从历史起源、发展进程、传统发展中逐步形成的审美原则、现代创新程度等方面进行梳理，以此为中国传统刺绣如何在现代更好地发展创新，如何重现中国刺绣艺术光彩，带来更多的思考和启发。

本书适合专业院校师生，以及刺绣和服饰设计相关研究者使用。

图书在版编目（CIP）数据

中西服饰刺绣比较研究 / 刘丹著． --北京：中国纺织出版社有限公司，2023.1
ISBN 978-7-5180-9858-3

Ⅰ．①中… Ⅱ．①刘… Ⅲ．①刺绣－服饰－对比研究－中国、西方国家 Ⅳ．① TS941.764-091

中国版本图书馆 CIP 数据核字（2022）第 169671 号

责任编辑：华长印 王思凡 责任校对：王蕙莹
责任印制：王艳丽

中国纺织出版社有限公司出版发行
地址：北京市朝阳区百子湾东里A407号楼 邮政编码：100124
销售电话：010 — 67004422 传真：010 — 87155801
http://www.c-textilep.com
中国纺织出版社天猫旗舰店
官方微博 http://weibo.com/2119887771
北京华联印刷有限公司印刷 各地新华书店经销
2023年1月第1版第1次印刷
开本：710×1000 1/16 印张：11
字数：112千字 定价：98.00元

序

老子曰："五色令人目盲，五音令人耳聋，五味令人口爽，驰骋畋猎令人心发狂，难得之货令人行妨。"无论色彩（视）、音乐（听）、味道（味），十足浓烈的都并不利于人的感官，奔驰疆野而猎逐对人心太过刺激，拥有极珍奇之宝有令人行为败坏的危险。此话正言重了中国传统艺术呈现的哲学思想，也造就了中国历史上文化、艺术的各外化形态，本书所论述的中国传统服饰刺绣身居其中，与此思想如出一辙。为了防止过足的刺激带来的不稳定感和急速衰败，历史上的中国刺绣始终矜持含蓄，经历了社会科技大变革，来到追求纯粹和极致美的现代，被尊重和欣赏之余，却与偏偏寻求刺激和猎奇的现代人有一丝疏离，反而在与中国有着巨大文化、历史和语言隔阂的西方艺术中人们找到了充分满足感……

其实，这早已不是新话题，国内近年来很多有关刺绣的研究中都无数次提到现代创新，但仍有待具体化，笔者希望通过本书真正具体化进行一次创新讨论，旨在对实践行为有效。目前国内外有关刺绣方面的书籍、著作、杂志基本以介绍区域性或国家传统刺绣、历史某阶段刺绣和刺绣传统针法为主，国外现代创新针法方面的刺绣杂志也频繁被发行，却始终没有中国或西方刺绣史、服饰刺绣审美法则等方面理论归纳出现。正是得益于现阶段国内外已有的理论研究，笔者才顺利把中西服饰刺绣史以及审美法则的详细内容思考总结出来，并从几个方面进行中、西方比较，为具体中国服饰刺绣创新做出铺垫，知己知彼后，最后环节的创新方法自然更容易奏效，并给予现代设计实践以指导。因此，本书前四章与第五章的创新章节之间是铺垫关系，通过梳理比较得出一套现阶段属于中国的客观、合理、可行的服饰刺绣创新思路。前四章作为首次在刺绣理论方面形成的新内容，每一章节都有其独立参考价值，或许所呈现的各章节理论会让相关专业的从业者悟到比笔者更高一筹的真知灼见，并随着时代发展得出更多与时俱进的宝贵成果。

刘丹

2021 年 12 月

目 录

第一章

服饰刺绣概述

本章主要围绕刺绣及具体服饰刺绣的概念、分类、特点和作用进行阐述，目的之一是令读者对目前刺绣理论界尚未被关注却十分活跃的表演服饰刺绣有一定初步认知，打破服饰刺绣研究集中于时尚领域的视角和局面，使之得以拓展与丰富；目的之二是将服装刺绣从理论角度引入一个新的层面——肌理化趋势，如今设计实践中已有不少近乎刺绣面料肌理开发的实例出现，但理论上却有待跟进，本书开篇意在完善该理论，并为后文中认识服饰刺绣作品和拓展服饰刺绣创新开发思路作出理论铺垫。

第一节 刺绣

一、刺绣的含义

对于刺绣，国内外至今没有做文字上的统一定义，或许因为它概念上已十分清晰——"一针一线一底"。作为有着悠久历史的传统工艺之一，刺绣是用针和线在面料上穿梭，运用特有针法和审美给面料做装饰的一种艺术形式。

刺绣早期是纯手绣，发展至今，除手绣外，还出现了机绣。无论现代科技怎样发展，机绣在提高工作效率，解放一定人力，尽量降低刺绣成本之余，基本的刺绣原理和针法是与手绣相一致的。

通常意义上，一提到刺绣，都认为它是仅作为面料或材料上的视觉装饰语言，与其他艺术语言共同构成一幅完整的艺术作品。其实不然，刺绣可以被更广泛理解：它是视触觉同在的艺术语汇，无论刺绣效果丝滑平顺，或金属质坚硬起伏，都让人有强烈、丰富、多变的触觉感受，而且随着对刺绣针法、材质、图案等的进一步开发，刺绣装饰功能已不再局限于某一点、某一部位，表达面积可无限延伸，加上它本身固有的视触觉功能，刺绣显然已有向材质、肌理方面发展的艺术属性。

就当前而言，重新审视人们心目中对刺绣的旧有理解是有必要的，因为目前已有艺术作品证实，刺绣材质肌理化的艺术行为已悄然走在大众对刺绣的旧有认知之前，只有对目前局限的刺绣理解进行重新认识，人们才能放开视野来对待刺绣，尝试更大可能性，开发刺绣可带给艺术领域的更多潜质。

二、刺绣的总体分类

刺绣的分类方式各异，但最通常的分类是从功用性出发，可归为两大类——应用型刺绣和纯观赏型刺绣。

（一）应用型刺绣

应用型刺绣指具有实用性价值的刺绣产物。一般是某种实用性较强的载体用刺绣做装饰，使该载体既有功能性又被赋予一定的审美价值，包括服饰（服装和配饰）刺绣、日用品刺绣（图1-1）等。从四千年前刺绣产生至今，以服饰刺绣为主流的应用型刺绣始终贯穿于刺绣发展史中，刺绣借此类载体而生，似乎有了服装，有了面料，才诞生刺绣，又因这些刺绣载体在人类发展长河中不可或缺，愈加重要，从而使应用型刺绣也随之繁荣发展。

在应用型刺绣中，考虑的因素不仅为美观的装饰性，还有很多实际穿戴和使用上的因素，如不妨碍人体的运动、运动中刺绣的结实程度、刺绣后面料的重量和软硬、人体触觉的舒适度，这些方面不得不在刺绣材质上下文章，且需要绣线效果能耐久，防止触摸起毛；从易打理清洗角度考虑，刺绣结实、不褪色、不变形也是不容忽视的问题。

（二）纯观赏型刺绣

纯观赏性刺绣也被称为"架上刺绣"。这是一种纯静态的刺绣艺术，它的功用和审美性可以架上绘画作为参考。同样是静止不动在画框中供观赏之用，其区别在于，由刺绣线迹代替画笔的线条，用刺绣作画，形成一种独特观赏性的艺术品。

图1-1　人物刺绣的戏曲桌围椅披

　　起初，刺绣的产生的确是为装点面料供穿着和陈列之用，但在有着悠久丝史、绣史的中国，自佛教传入，佛像刺绣便逐渐开启了静态纯观赏型刺绣的先河。自唐代以后，尤其发展到宋代，刺绣的两大分类基本形成，纯观赏型刺绣以并不逊于主流服饰刺绣的势头吸引着相当一部分画师、手工艺人投入其中。此类刺绣确由以宗教祭拜为目的的绣制佛像开始发展，渐渐又衍生出模仿名人书画……尤其独成一派之后，纯观赏型刺绣甚至被众人倾注了更多精力，以中国人特有的精工巧作，在缓慢的社会节奏中，在细腻含蓄的审美取向下，愈发追求与书画原作惟妙惟肖的逼真之态，"以针代笔，以线代画"，把丝履劈得更细，突显光滑度和细柔逼真之余，自然增添了大量工时和人力。相比之下，中国以服饰为代表的应用型刺绣工艺上略显逊色，刺绣思维的发展稍显平稳，没能引来更多寻求突破的人才。在西方，不同历史阶段也会有观赏型刺绣的存在，从中世纪的宗教题材刺绣画到现代室内花草刺绣陈列品……然而，刺绣却始终在日新月异的应用型方面被注入更多精力，以服饰刺绣的主流探索带动着整体刺绣的发展。

　　梳理过刺绣两大分类后，异同之处一目了然，二者的关系也错综复杂，而笔者重点在于清晰二者概念后，引入所关注和试图深入研究的应用型刺绣中的服饰刺绣。虽然服饰刺绣是本书论述的主体，但由于这两大类别间相互影响，难以孤立对待，为防止片面地就题而论，在不同的研究环节也会有观赏型刺绣的提及，以便更全面地认识和开发博采众长的服饰刺绣。

第二节　服饰刺绣

本书中对"服饰刺绣"的修辞很少出现"服饰中的刺绣"，正如前面诠释刺绣含义时把它统一在整个艺术体中关联材质肌理看待一样，现代意义上的刺绣设计最怕被孤立为单一元素，"服饰中的刺绣"从表述上担心会限制刺绣在服饰中的更大可能性，笔者最终目的是让刺绣给服饰带来无限开发的艺术效果，因此在本书中始终以二者更密切联系的态度审视和思考刺绣，除非具体到刺绣传统审美中每个要素的分析部分，不得不单独把视角拉近到某一点看待。

一、服饰刺绣的分类

谈到分类，往往从多个角度出发会有不同性质的划分，服饰刺绣也是如此。为了围绕论述观点，此处是从常见的服饰自身应用领域划分，分为时装（生活装）刺绣和表演服饰刺绣两大类型。

（一）时装（生活装）刺绣

在生活中以美化服装穿着者，修饰各自的不足为目的的时装，是实用性与审美性并重，甚至有时实用性更高于审美性的服装类型。它会受到时代、地理环境、生活方式、生活审美等方面的影响，重版型、工艺、面料的舒适性，相应的，在创意突破上会时常受生活现实束缚，这是两者矛盾存在的产物。因此，时装刺绣也免不了对以上因素考虑之后进行设计加工，呈现出部分特有的刺绣面貌。

（二）表演服饰刺绣

表演服饰囊括了所有戏剧、影视、歌舞晚会、评书杂谈等与演员表演有关的服饰类型，这类服装的宗旨是为演出服务，因此虽然也存在实用性，但审美观赏性却是第一位的。其主要考虑剧本的时代背景、地点、人物身份、性格特征、年龄、人物关系以及烘托演出氛围等因素，加上娱乐性，视觉冲击感的强调，服饰面貌更大胆多样，且夸张重创意，有其特有的美学原则，因此表演服饰刺绣的表达也更丰富，独特视觉感和开拓的刺绣思维都可借以大力发挥。

二、不同服饰刺绣的特点

（一）时装刺绣的特点

为满足人们日常生活穿着时装的需要，既要符合穿着的实用性也要符合生活审美的接受程度，时装刺绣表现出的具体特点为：

1.刺绣色彩有一定矜持度，避免过度放任

刺绣的选色在生活视觉范围内，给大众舒适的色彩感，"柔和"色彩中寻求变化。

2.刺绣针法精致耐看

无论手绣还是机绣，刺绣针法细致、均匀，经得起时间和近距离的推敲。

3.刺绣的位置和面积局限

相对较夸张的表演服饰刺绣而言，时装刺绣出现的面积往往以点、线状见多，也有面状，但在服装底面料上所占面积比重不大。

4.刺绣材料具备舒适性

刺绣材料的选择上首先考虑穿着的舒适性，长时间穿着对皮肤有无不适影响，在此前提下也不乏各种立体刺绣的出现，但会控制在生活服饰的收敛中。

（二）表演服饰刺绣的特点

由于整体表演门类给观者视觉上的特殊性，使得表演服饰有别于时装，作为表演服饰参与者的刺绣，也自然显现出不同特点：

1.刺绣色彩鲜明夺目

无论舞台上还是屏幕中，表演服饰刺绣的色彩都不同程度得鲜明响亮，或用减法提炼或用加法丰富，只要能在远距离观赏的剧场或荧屏中产生夺人眼球的效应，绣底、绣线的色彩和搭配可以尽管大胆使用。

2.刺绣针法略粗放，追求大效果

在表演服饰刺绣中往往会看到机绣占有大量比重，手绣分量较重的可能是戏曲服饰，戏曲本身的程式化特性也不免把手绣的传统努力延续。除此之外，舞台和影视剧中的服饰刺绣以机绣为主，即使手绣也不必拘泥于精细入微的技法，绣线略粗，薄厚略有不匀，刺绣的边际有些微疏漏都不太影响舞台下、荧屏外的观众对服饰的欣赏。

3.刺绣的位置和面积无限发挥

戏曲中的满绣并不让人陌生，其实在影视剧中，满绣也是烘托重要场面、营造气势庞大的氛围、表现显赫地位、塑造人物性格等的常见手笔。这种"毫无节制"的刺绣理念似乎与表演服饰的设计特性如出一辙，成为表演中较出效果的设计方法之一。随着人们对服饰刺绣的理解更为开阔，其实它在服饰中的运用有更多的可能性得以期待。

4.刺绣材质更丰富，立体感、肌理感更强

表演服饰由于要服务于演出，以剧本为本是塑造人物形象的首要考虑，因此演员都已接受它在几个小时的演出

中带给身体不可避免的"折磨",服饰刺绣的材质经常会
因追求舞台效果或人物感觉去大胆尝试,其沉重感或皮肤
不适在所难免。在灯光的烘托下,丰富的材质,服饰因为
刺绣而带来的特殊质感,立体的起伏变化都是给角色和整
个演出增加魅力的手段,表演视觉的冲击力促使刺绣材质
的选取、立体肌理感的塑造空间很大,可无束缚地选材、
发挥。

三、服饰刺绣的作用

无论时装还是表演服饰中,刺绣作为视触语言,发挥
的作用不可小觑,从目前国内外刺绣在整个服装领域中应
用比重便可看出。

（一）灵活普适

在百家争鸣、百花齐放的环境中,刺绣语言的灵活性
使其既可帮服饰作品表达对传统的留念,又可表现最前卫
的颠覆感;既可流露出质朴精神,又可满足繁荣经济下的
奢华追求。

（二）多元创新

刺绣的材质肌理化会使它在服饰中发挥更大的作用。
对于不易被现有市场满足的面料爱好者,设计思维中如果
"接纳"了刺绣,无论是已有的针法、绣线材质还是开发
的刺绣新方法,开阔的视野对于服饰面料设计总会带来出
其不意的效果,可以运用刺绣来大胆挑战服装新面貌。可
见,刺绣会给服饰带来的不仅仅是规矩的装饰性,还有沁
入服装细胞中的复杂肌理。

虽然时装和表演服饰很难隔绝看待,二者各有特色,
各有所长,但是,单从创意角度的发挥看,确实表演服饰
有更大的余地,这也是很多想要"过把瘾"的设计者热

衷表演服饰设计的理由之一。而本书谈论的刺绣，也是偏重中西方对刺绣理念的开发上，注重现代服饰刺绣的创意性。对刺绣而言，侧重于表演服饰研究它的创意性，至今在理论界仍是一个新鲜角度。表演服饰因为演出内容的需要，较之时装更容易直接涉及古今中外各历史时期的服装，各地区服饰形式，而这些历史服饰的常态又明显存有大量而丰富的刺绣，加上表演服饰各种大胆的"二度创作"，确实是研究当今服饰刺绣创新不可忽视的一个领域。因此，本书一改目前理论界集中于时装领域谈刺绣的惯例，注入更多表演服饰刺绣的关注角度。

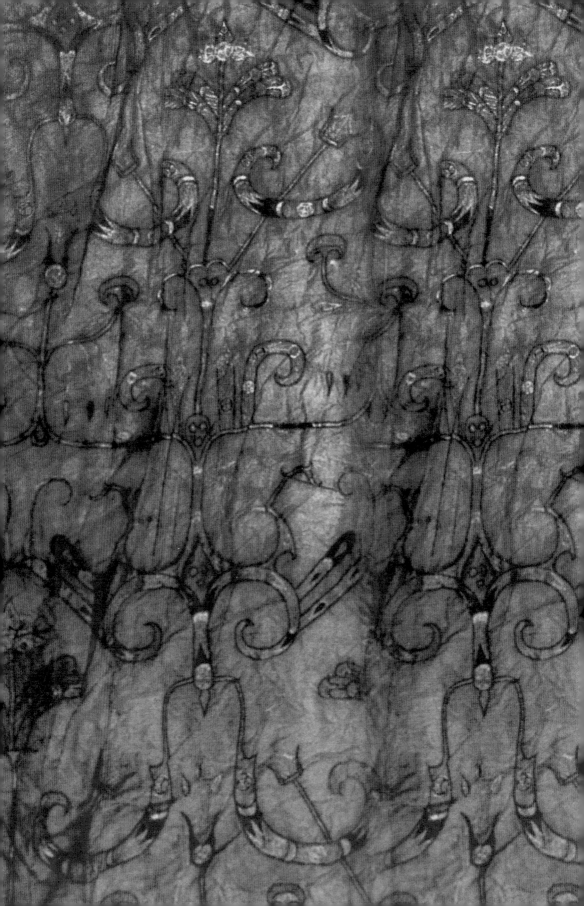

第二章

中西服饰刺绣历史起源及对比

本章追溯至中西刺绣的诞生源头，从刺绣产生之初的时间节点、形成原因、在服饰中的应用规模和应用态度上先分别对中西刺绣加以阐述，再对比分析得出自发展源头开始便已存在的中西刺绣差异，这也正是如今中西刺绣面貌大相径庭的潜在本质。

第一节　中国服饰刺绣之滥觞

据记载，刺绣在中国有着约4000年的悠久历史，可谓世界上起源较早的国家。这一人类艺术造诣离不开两件东西为前提——缝针和桑丝。针的产生是由缝兽皮成衣而来，最早的骨针实物发现于辽宁海城小孤山遗址。丝绸生产发轫于新石器时代，殷商时期几近丝绸技术的成熟阶段，从当时出土的铜器、玉器上留下的织物痕迹可分析，这一时期已能织非常薄的精细纱线织物，提花织物也已经产生。1958年浙江良渚文化遗址中出土了距今约4700年之久的新石器时期绢丝残片和丝线等物，被发现时绢片仍能看出黄褐色的色彩和极密平纹组织，大约每平方厘米分别有48根经丝和纬丝，经鉴定是当时生产的家蚕所织。其实丝绸对后世全球范围内的纺织业，尤其高级织物生产有着毫无争议的贡献，它使服饰的美轮美奂有了更优雅高级的材料，甚至影响除服装服饰外，书画、宗教艺术、室内装饰、陈列、照明等多个艺术门类。对于刺绣而言，丝绸不仅影响中国刺绣的产生形态，也给中国刺绣赋予非常典型的传统美学原则。有了原始的缝针技术，又有了五颜六色的丝线，此后刺绣便在这片古老土地上应运而生。

最初的刺绣产生动机还是为了装点服饰和日用品，尤其是穿在身上的服饰。自原始氏族部落的文身开始，身上符号性的装饰就没停歇过。当有了衣裳之后，便自然转移到人体的第二张"皮肤"上，并且被更加认真地对待，趋于考究精致，从起初画出来的纹样逐渐用已出现的针和丝线来绣纹样，刺绣艺术就此诞生。

从时间上看，刺绣在中国的产生可追溯至虞舜时期，据《尚书·虞书》记载，早在虞舜时代的章服制度中就有绣画于衣裳的宗彝、藻、火、粉米、黼、黻等纹样，距今已有4000多年历史，而最早提到绣线染色技术，见于先秦文献中，用朱砂涂染丝线，"素衣朱绣"。在商代，衣袍上有一片可以表现古代阶级社会身份的装饰，也与刺绣有关。据传此装饰片有用皮革涂朱色或彩绘纹样绘成的，叫作"韦韠"，亦有用丝绸织绣纹样制成的，叫作"黻"（通"韨"），用来象征特别的等级身份。随着后来各朝代的广泛沿袭，被用以"蔽膝"概称，"蔽膝"以绘和绣为主要装饰手段，是早期刺绣装饰的主体之一。此外，"希冕"作为王祭社稷先王的礼服，上下衣均用到绣，上衣绣粉米一章花纹，下裳绣黼、黻二章花纹。在商周出土的服饰文物中，具体的刺绣针法锁绣❶已清晰可见，是当时氏族宫廷盛行的一种针法，属高级服装所有，尤其西周，织锦和刺绣在上层社会已十分流行。位于陕西宝鸡茹家庄的西周弓鱼国墓葬出土的文物中就见有刺绣印痕，泥土中的锁绣痕迹十分清晰（图2-1）。虽然商周时期刺绣作为手工艺部门已经形成，但是"珠玉锦绣不鬻于市"，这类高级工艺是上层统治阶级的专属品，被限制不得以商品买卖形式在市场中出现，专属的手工艺部门只是为统治阶级服务的，到了东周已设官专司其职。但是，随着刺绣在上层社

图2-1　西周文物中的锁绣印痕　宝鸡市博物馆藏

---

❶ "锁绣"由于形似辫子形，亦常被叫作"辫子股绣"。

会的广泛流行，春秋战国开始，越来越多的交易买卖打破了刺绣专属上层的局面，逐渐影响到民间。对于刺绣作为手工艺部门蓬勃发展的景象，已有确凿的历史文献依据，如春秋时期《左传·成公二年》中提到"楚侵及阳桥，孟孙请往赂之。以执斫、执针（缝制匠人）皆百人"。[1]可见通过官府行为和民间广泛传播，刺绣到了春秋战国时期已相当普遍。

第二节　西方服饰刺绣的历史始点

　　本书中所涉及的西方指欧洲大陆，欧洲大陆上的西方典型性与中国这一东方大国的特点并置，可以产生最为鲜明的对比效果。

　　刺绣在中国产生并以相当规模稳定发展之时，西方刺绣正在酝酿。对西方刺绣的起源，可以分为两个阶段——受其他国家和区域影响时期以及本土刺绣的最终形成时期。早期常规意义上的刺绣理解是与桑丝联系在一起的，而中国是最早生产桑丝的国家，并开创了世界丝织技术的先河，也由此形成了对世界范围产生巨大影响的"丝绸之路"。因此可以推测，中国对西方乃至世界各地刺绣的起源影响不容小觑。即使后来中东地区的刺绣风貌对欧洲影响甚多，但不可否认的是，"丝绸之路"上的沿途国在从中国运输途中和中间贸易过程中吸收了源于中国的刺绣工艺，同时融入当地特征形成当地刺绣面貌，再传播至欧洲大陆。下面具体分析西方刺绣起源的两个阶段。

---

[1] 洪琼、彭玮、任本荣.针尖上的艺术探索——汉绣针法新解[J].美术大观，2010（7）：74.

一、他国影响阶段——通商进口

　　欧洲大陆服饰文化从最早形成开始，就受来自古埃及的麻和中东地区毛纺、棉等面料影响。古希腊服装可以算是早期欧洲服饰风貌代表之一，主要以各种褶皱为造型语汇，直到古罗马时期才在更趋于大气的披挂式褶皱服装中逐渐强调装饰，拜占庭后，服饰开始对装饰要素表现出极度依赖。欧洲历史上装饰语言逐渐融入古罗马服饰之时，正是丝绸和刺绣从中国开始稳定传入之时。

　　古罗马与中国两个东西方遥远的国度，在通信、交通并不发达的时期，让人着迷的中国丝绸和刺绣又是如何被千万里外的古罗马人所知呢？

　　说到东西方历史上这次重要传播，首先不得不提东西文明古老交汇之"丝绸之路"。早在西周初年，从中国内地通往西北阿尔泰山，又逐渐向西到波斯的丝绸贸易之路就已十分活跃，但刺绣是在稍晚一段时期，春秋战国时期当刺绣被允许作为商品买卖之后，逐渐在这条路上与丝绸一起受到热捧。由于丝绣受欢迎，贸易途经地的商人把握住了商机。据说当时上成锦绣的价格是一般绢帛的25倍以上，可以想象丝绣工艺当时已极具水平。然而与中国生产国相比，最大受益者还是中间这些商人，商人的利润远比生产刺绣的手工艺者多得多，可见是工艺造诣深厚且海外市场很受欢迎促就了这些西域商人的财富，很多西北相继出土的刺绣实物也能够说明当时这条商路上极多中国丝绸和绣制品的追随者，从此时开始的中国刺绣正在向外大规模地传播着……

　　中国丝绣在海外市场拓展之时，古罗马正向远东迈进，在那里罗马士兵遇见了丝绸贩卖者，他们手里不仅有整轴的丝线，还有现成的丝织面料。随后，罗马人把丝线同欧洲大陆日常服饰面料亚麻或羊毛混合织成有光泽感的面料，在以披挂为特色的罗马服装中加入丝的光泽，会让服装整体更显流畅华贵。尽管埃及精纺亚麻和中东棉也会出现些微光泽感，且轻盈透气，但丝织品所反射出的光泽充满一种极为迷人的气质，加上此时逐渐有刺绣装饰在袍边缘部位，似乎效果上更脱颖而出，天生就被赋予权势的感官象征。其实除了早期古罗马对中国丝和绣进行一定规模的吸收外，有考古资料和实物证实欧洲大陆的其他地区也被发现当时存有中国丝绣遗迹。美国《全国地理杂志》1980年3月号刊登的《从一座凯尔特墓中出土的瑰宝》❶一文中提及，在德国南部境内的斯图加特，被发现公元前500多年的凯尔特（Celt）人古墓，墓主身上的衣服碎片嵌满了中国蚕丝绣制的绣品；苏联C.N.鲁金科《论中国与阿尔泰部落的古代关系》一文中，介绍了公元前5世纪左右，于南西伯利亚巴泽雷克畜牧部落首领的石室巨墓中❷，也发现了精美的中国凤纹刺绣丝绸被褥面，纹样同战国时期楚墓出土的刺绣相一致（图2-2）。公元前3世纪的克里米亚半岛刻赤附近也曾有中国的丝绸出土。

种种迹象表明欧洲大陆此时已明确出现刺绣，虽然进入欧洲的过程并不那么直接。随着丝绣品开始通往欧洲，丝绸之路也逐渐完成与欧洲大陆的贯通，初步正式形成可追溯到汉武帝时期。张骞出使西域归来，他用多年亲身经历，考察发现了早已存在的这条丝绸通商之路，回到中原后将（草原）丝路的具体线路、交通、经临国家等信息正

图2-2 中国战国时期凤纹刺绣巴泽雷克出土

❶ 乔格·比尔.从一座凯尔特墓中出土的瑰宝[J].全国地理杂志,1980（3）.转引自刘云.中亚在古代文明交往中的地位[J].西北大学学报（哲学社会科学版）, 1980（1）: 104-108.
❷ 巴泽雷克冢墓是南西伯利亚早期铁器时代的墓地.C.N.鲁金科.论中国与阿尔泰部落的古代关系[J].考古学报, 1957（2）.

式载入史册。这条著名的道路东起长安（今西安），经过河西走廊到敦煌，再从敦煌分南北两路到安息（即波斯，今伊朗），最终进入欧洲大秦（古罗马，今地中海沿岸）乃至其他欧洲地区。在此关键时期，汉朝打通了中原与中亚、西亚及欧洲的通道，使接下来中国与欧洲的丝织贸易更加畅通兴盛，可谓开辟了中西交流的新纪元。

虽然不可避免地，丝绸和绣品运输中间要路经波斯，使波斯直接操纵着中国和古罗马间的丝绣贸易，在"丝绸之路"上牟取暴利，直至中国丝绣品在罗马与黄金等价，也依然没能阻挡贵族们对它的喜爱。罗马帝国把丝绣作为奢侈品，也正是因为它昂贵和华丽的装饰效果，成为贵族妇女相互炫耀、追求美艳的利器。不仅女性如此，据说在公元前1世纪，也就是"丝绸之路"正式形成之初，罗马共和国末期的恺撒大帝在看戏时穿了一件中国蚕丝质地的袍子，引起哗然，说他过于奢侈，可随后不久，贵族男性竟纷纷效仿，穿起了中国丝绸。到罗马帝国初期，当时执政的提庇留（Tiberius Caesar Divi Augusti filius Augustus）皇帝曾严令禁止过男性穿中国丝绸制的服装，可是往往一禁止总会收到"特殊"效果，贵族阶层反而开始了愈演愈烈的锦绣华衣风。

到了拜占庭时期，东方的装饰风影响加剧，皇公贵族对东方丝绸、刺绣更加的神往，需要越加频繁地进行丝绸贸易，甚至为它而与常年抬高丝价牟取暴利的波斯发动了战争，更是在战争的较劲中因为国内巨大的丝绣需求而不得不与之妥协并"赔偿"。从这一历史事件足以看出，此时的欧洲主流社会中，中国的丝绣已占据非常重要的地位，虽然刺绣的形式和样貌已在传播途中发生了很多改变，且喜欢创新的欧洲人本身不间断地尝试着新模样。回过头来看，这次事件并不是纯粹的"坏事"，接下来直接激励了拜占庭开始积极着手自己生产蚕丝，制作丝绣面料，逐渐摆脱长久以来仅靠进口的尴尬局面，进入欧洲刺绣产生的第二阶段——本土生产。

二、欧洲本土生产阶段

相传公元552年，几个僧侣被从拜占庭派往中国边境，他们将蚕种和桑枝藏于竹杖，带回了君士坦丁堡进行育养。此举的成功使西方有了第一个养蚕厂，进行欧洲本土丝织生产，且很快盈利。随后，欧洲的丝绣面料市场在不断扩张，辐射至希腊、埃及和叙利亚。欧洲向来不缺乏灵活的创造力，大秦还在仅靠进口丝绣的时候，便有专门加工从中国直接购来的白帛的手工业作坊。工匠们将中国的素丝解散，再织成胡绫，染上紫色绣上金线，原本很中国的传统面料被重新西化设计了，呈现出另一番特有面貌，且质量尚佳，因此得到了整个欧洲王室、贵族、商人和神职人员的青睐。有了养蚕技术并发展到了13世纪，拜占庭帝国已拥有几家很有规模的养蚕和丝织工厂。15世纪中期，君士坦丁堡被伊斯兰帝国占领，但曾经繁荣的蚕丝工厂仍然是西方丝绣面料的主要来源之一。

即使欧洲有了自己的养蚕和丝织业之后，西方仍然热衷于进口中国织、绣、染特色的面料，以它们"应对"变幻莫测的时尚和显赫的地位，可以说至今中国精湛的传统丝绣技艺对欧洲人来说也是备受青睐的。

西方服饰刺绣的起源中除了主要受发源国中国的直接影响外，还有部分来自中东地区，由于这些国家的刺绣在丝绸之路上有与中国毗邻的地理优势，也可理解为中国的间接影响。虽然丝绣最初在中国产生，并随后对欧洲大陆带来深远影响，但在这个新环境中，会发现中国丝绣的样貌变得越来越多元化，这些变化有些是进入欧洲本土后的改变，有些则是发生在"丝绸之路"上的。所以欧洲刺绣的审美从产生之初就不可避免地渗透着波斯、印度等地区的痕迹。中国丝绸和刺绣在途经"丝绸之路"的沿线国输入海外时，相继影响着沿途国丝织的产生和生产，使之陆续有自己的手工艺中心，生产融于当地特色的面料和装饰。在这些地方形容家家妇女做女红也并不夸张，要知道阿拉伯地区最早是以羊毛类织物为主要服饰面料的。早在波斯帝国时期（公元前538~331年），国王精锐的贴身侍卫所穿的服装上就发现有丰富的几何形编织和刺绣织物（图2-3）。其中还有一款"khula"作为国王的专属帽子，上有璀璨的宝石和金绣装饰，这种装饰待遇是其他等级人群不得享有的。中国的丝绣技术带动了中东地区服装工艺的发展，中东又影响着欧洲大陆。因为对于"丝绸之路"西端尽头的古罗马及此后欧洲大陆历朝历代来说，他们或许很难清晰地辨认从丝路上纷纷买卖来的丝绣制品究竟是来自中国、波斯还是印度。

如今的欧洲，仍然能在很多服饰和日用品装饰中看到

图2-3 波斯刺绣装饰的 kandys 服饰

掺杂着中东和印度风情的刺绣，它们与欧洲本土的刺绣审美似乎更加接近，有时甚至让人难以辨识。

第三节　中西方服饰刺绣起源的对比结论

一、时间上的对比

中国在虞舜时期（距今4000年）产生了刺绣这门重要的手工技艺。公元前500年左右，春秋战国时期，欧洲大陆上才正式出现了复杂刺绣装点服饰的痕迹。

（一）中国刺绣诞生之时的中西方状态

中国的桑丝技术和随之而来的刺绣技艺在很早的历史阶段便逢时而来，确实为世界文明带来推动性作用，也一定程度上展现了中国古人的勤劳和智慧。4000多年前的中原地带，人们已经开始穿针引线，在光泽诱人的丝绸上绣绘宗彝、藻、火、粉米、黼、黻等天地自然符号，精美的刺绣装饰在当时已是高贵身份的象征之物。当古老的中国发明了蚕丝、纺织技术，乐此不疲地投入在章服制度中的"绣"，并"设计"出流传百世的精美绣纹，在衣和裳的不同部位不断开发着刺绣的可能性同时愈加繁荣发展之时，欧洲大陆上的文明还是处于受古埃及影响的阶段，表现出并不算稳定的发展状态，真正属于欧洲古典文明的古希腊时代尚未形成，服饰中仍然以毛纺、棉等面料呈现出较粗犷的着衣形式。如果说当时古埃及的装饰语汇也同样进入发展的成熟阶段，装饰手段丰富精美，但提到真正意义上的刺绣，唯一有所关联的便是古埃及珠饰艺术了。但以当时的制作理念来说似乎并不能将其完全直接归为刺绣类别，何况仅受间接影响的欧洲大陆上，此时的装饰风貌便更显原始简单，缺少精工巧做的装饰感，离如今意义上的刺绣装饰痕迹似乎还相距甚远。

从最早起源的时间点来看，中国以刺绣为代表的手工艺造诣确实比同时期的欧洲大陆先进许多，仅在刺绣方面便具有无可厚非的优势，也间接证明两地纺织手工艺发展程度的差距。

（二）西方刺绣诞生之时的中西方状态

再来看下1000多年后，当西方的古罗马时期开始通过各种渠道出现刺绣之时，同时期的中国——战国时期，锁绣为主的刺绣针法已可在服饰中呈现精美复杂的装饰图案，出土的大量刺绣珍品见证了刺绣技艺此时的娴熟精湛（图2-4），抛开宫廷上下大量被穿着的刺绣服饰不说，单从由官设其职传播至民间家家刺绣的生产规模性，已经让刚刚在波斯商人那里发现丝线珍品的古罗马人望尘莫及。

西方人当时对神秘中国的向往，与丝绣有着直接关系，"据公元前五世纪希腊历史学家希罗多德（Herodotus）（被后世称为'希腊历史之父'）说，希腊商人曾在公元前七世纪到过'绢国之都'。希腊文称丝为'塞尔'（Ser），称中国为'赛里斯'（Seres），意即丝国。公元前五世纪的另一位希腊史学家克泰西亚斯（Ctesias），在他的《史地书》中则称'赛里斯人身高近20英尺，寿命超过200岁'。还说在赛里斯国中没有乞丐，没有小偷，没有妓女，对中国充满着美好的向往"。[1]在之后的几个世纪里，西方也曾一度把中国称为"赛里斯"和"秦奈"（Sin, Chin, Sinae），意指从事丝绸生产和贸易的那些人。看来那时，

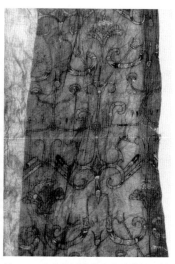

图2-4 马山战国楚墓出土的刺绣纹样
湖北省荆州博物馆藏

---

❶ 黄能馥，陈娟娟. 中华历代服饰艺术[M]. 北京：中国旅游出版社，1999：93.

丝绸已让东方神秘国度中国的谆谆大名传遍西方，且明显
当时欧洲地区看待中国这一遥远的东方国度带有对先进国
家，至少就某些领域来说可谓具有绝对先进性的国家的钦
羡神往。

欧洲古希腊、古罗马的披挂式大褶皱线条的服饰风格
逐渐有了关注细节精致装饰的苗头，用从中国远道而来的
刺绣装点可谓绝妙选择之一。然而，丝绣商品的高昂价格
以及运输和刺绣技术传输过程的艰难，使欧洲萌芽时期的
服饰刺绣面貌根本无法与同时期的中国战国已相当成熟的
刺绣水平相比。一磅丝绸在欧洲被卖到12盎司黄金，仅
少分量的中国丝绸便足够支撑一支商队的全部车马从中国
海到叙利亚海岸边，历行大半年时间跨越整个亚洲的费
用。只从这一点经济因素来看，作为当时欧洲文化核心区
域的古罗马，其服饰上想普遍达到如此细腻而精彩的装饰
效果绝非易事，初期的欧洲刺绣水平还有待发展成熟……

然而，欧洲作为后起之秀，在晚于中国1500年后本
土出现了刺绣，虽然起初是"舶来品"，并与中国当时的
刺绣水平差距甚远，但自有了自己的蚕桑丝织业之后，从
初期产业便饱有较高质量，为至今方兴未艾的西方刺绣创
造了前提条件。

二、态度上的对比

虽然以刺绣起源的时间节点进行中西刺绣视觉面貌方
面的比较，欧洲与中国尚有些许差距，但从发展态度上，
欧洲放眼外界博采众长的汲取精神隐藏着极大的潜能优势。

（一）欧洲的态度

1.摆脱牵制，主动发展

从发现美丽的丝和绣开始，欧洲人对美的欲望、地位

的荣耀感和向来的好奇心使其通过各种渠道竭力向本土输入丝绣制品，即使经历万难，也消减不了他们对东方丝绣的迷恋和积极引进的热情。

起初，古罗马人便已高价购买与黄金等价且只涨不落的丝绣。拜占庭帝国查士丁尼时期，由于从中牟取暴利的波斯商人一度把中国丝绣抬到惊人天价，为摆脱波斯对丝绣的贸易控制，双方之间常有战争发生。后来拜占庭帝国曾通过与埃塞俄比亚国王联盟的方式，试图取代波斯作为与中国丝绸贸易的唯一渠道，同时还以提高商税、控制定价来抵制波斯。出乎意料的是，国内对丝绣的巨大需求反而使丝价飞涨。最后，为了这些迷人的东方丝绣，拜占庭又不得不以每年补贴波斯11000千镑现金来同其言和。

公元552年左右，普罗柯比（Procopius）在他所作《哥特战争》中记述："几位来自印度人（居住区）的修士到达这里，获悉查士丁尼皇帝心中很渴望使罗马人此后不再从波斯人手中购买丝绸，便前来拜见皇帝，许诺说他们可以设法弄到丝绸，使罗马人不再受制于波斯人或其他民族，被迫从他们那里购买丝货；他们自称曾长期居住在一个有很多印度人、名叫赛林达（Serinda）的地区。在此期间他们完全弄懂了用何种方法可使罗马国土上生产出丝绸……产丝者是一种虫子……修士们做如是解释后，皇帝向他们承诺，如果他们以行动证明其言不妄，必将酬以重赏。于是教士们返回印度，将蚕卵带回了拜占庭。他们以上述方法培育蚕卵，成功地孵化出蚕虫，并以桑叶加以饲养。从此以后，养蚕制丝业在罗马领土上建立起来。"❶

经历了这一系列"执着"而并不算顺利的漫长过程，

---

❶ 张绪山.中国育蚕术西传拜占庭问题再研究[J].欧亚学刊，2006（8）：185.

拜占庭时期终于有了西方第一个养蚕厂，本土丝织生产得以顺利展开，并且据说养蚕技术自出现并不逊于中国。欧洲经历万难终于摆脱几个世纪来受波斯等国的牵制而有了发展的主动权和更大优势。

2.多样接收，融合创新

欧洲人对丝绣魅力无法抵御，使他们接受一切与之有关的物品，中国典雅细腻的刺绣，经中东本土化后光彩夺目的金银线刺绣，甚至加入宝石的刺绣，都囊括于他们高价购买的货品之内。这样一来，刺绣的样貌从来到欧洲这片土地之初，就以多样化的形式示人，当时可谓是汇集了"丝绸之路"上所有的丝绣荟萃，让欧洲人在满足不同阶层越发不可收的装扮需求的同时，对所出现的视觉样式也是大开眼界。

据估算，在公元一世纪左右，罗马帝国每年向中国、波斯和印度支付购买丝绣品的总钱款在一亿赛斯特左右，约合黄金10万盎司。这么大量的进口丝绣品中，除了丝绣原产国中国的品类外，不乏大量中间国本土化了的丝绣制品，同时影响着欧洲此后的刺绣风貌。以一只蒙古国诺音乌拉山汉代匈奴王族墓出土的靴底为例，发现其上具有较高艺术造诣的刺绣云纹图案设计，与当时中国汉代流行的云纹刺绣有极大相似之处，但是又有融入本土的轮廓变形，使源于中原地区舒展流畅的曲线云纹演变出一种驰骋草原的尖勾形硬朗味道。蒙古民族的审美倾向在此刺绣实物中一目了然，虽渊源足见，但作为丝路中间国的刺绣已呈现出另一番风貌特色。离丝路更近的布哈拉地区，它曾一度因古代丝绸之路上的贸易，成为极为富裕的城市，因此也有了布哈拉刺绣。作为乌兹别克斯坦地区的著名刺绣，一般是先勾勒外轮廓，再用各种丝线、金属线填充，也是在中国刺绣的原理上融合更多的地域特色。

无论是地理条件影响的无意识接收各族各式流入欧洲大陆的刺绣，还是主观上对刺绣这种装饰手段毫无节制的喜爱，加上西方血统中敢于冒险的基因所使，这些丰富而面貌各异的刺绣在欧洲人那里是纷纷"买单"的，刺绣的初期发展阶段欧洲大陆便为其自然孕育着绝好的创新土壤。

（二）中国的态度

自给自足的生产方式和刺绣发源地的优越感使中国在"丝绸之路"上对丝绣一直以输出为主，当然"丝绸之路"确是互通往来的一条路，中国在大量丝绣输出的同时，也不时有中东、印度等地区服饰材料输入的迹象，不乏新的风格影响中原，但中国自古的儒道哲学给人以顺其自然，尤其对外无忧无患的自在气质，加上中国当时丝绣技艺的先进性，且美学追求与中国整体状态（社会性质、社会节奏、哲学观念等）较为吻合，因此在欧洲大陆打开一切渠道吸纳各种刺绣风格之时，中国基本上对刺绣是"关着门"的，全凭自身的优势和实力，悠然自得地绘绣着华夏大地上本我的刺绣发展。

三、特征上的对比

这一点与以上谈到的态度方面有再直接不过的影响。中国在一种稳定含蓄的哲学观下，顺着自身古典审美的脉络，使刺绣自诞生之初便有着平稳自然的发展气质，而西方自产生开始就没停歇过跳跃式创造。

（一）欧洲活跃的创新性

欧洲大陆囊括了丝路上各式各样的刺绣技艺，同时也在进行着自己的创新。似乎并不只满足于"拿来"，欧洲人在他们的服饰和其他应用品中不仅包容所有已有的刺绣类型，还要试着把它们变得样式各异来满足自己口味。自古罗马人从商人那买回丝织品的那刻起，好新奇的他们竟动手把丝料拆解重新与欧洲服饰中的羊毛织物、麻织物织在一起，保持不破坏古罗马以褶皱为主要语汇的披挂式服饰大风格的前提下，既保暖，又使服饰进一步提升了精致度，增加垂感和光泽度。前文也提到古罗马的一些城市，在仅靠进口丝绣时，便有加工中国白帛的技术并形成专门的手工业作坊。他们将素丝解散，织成当地人想要的胡绫，再染上罗马贵族喜用的紫色，绣上华丽的金线。这几道改造程序，充分透露出欧洲人的审美喜好和大胆求变。除此之外，拜占庭时期很多服饰、腰带和鞋类配件上也都出现大量本土特色的奢华刺绣装饰：拜占庭时期风靡一时的一款袍子被一度用大颗的珠宝和凸起的刺绣密密麻麻地装饰成"硬壳"，富有拜占庭艺术的典型审美价值，这种珠宝和浮夸刺绣的装饰手段出现在当时很多不同款式服饰中，包括查理曼大帝正式场合所配的腰带和鞋子上。

欧洲开始接触丝绣的时期，正是史上最昌盛的古罗马时期，社会的快速发展伴随着人对物质越来越奢华的需求，美丽的东方丝绣与社会的繁盛面貌永远有千丝万缕的联系。这时欧洲对丝绣的态度像总是填不饱肚子，想尽办法去拥有它，再时不时大胆变下口味，一切都在饶有兴趣地变化着。

（二）中国的平稳性

中国作为文明古国，确实在刺绣技艺方面有更悠长的历史，在发展的漫长时光中把更多的精力钻研在刺绣的精致和充当贵礼的友好互通上，整体是平稳向前的趋势，连创造更新都是那么顺其自然，毫无强加其上的人为主动性。每年投入大量的人力织造生产，除一部分供官用，大部分作为特别礼品赠予西北各民族匈奴君主做锦绣衣，平均一年就有上万匹运往西北，在匈奴书信提及的赠物中具体有"绣袷绮衣""绣袷长儒""锦袷袍"……可见，刺绣早期生产规模不断扩大始终流露出艺术形式上的自信，在全然继承自我中平稳发展着。

对任何事物，尤其艺术领域，在变化中总能看到希望。从服饰刺绣的起源来看，中国有开端优势，但迟了约1500年的西方服饰刺绣，却因有着喜欢探险的西方思维，预示着它们即将到来的厚积薄发。

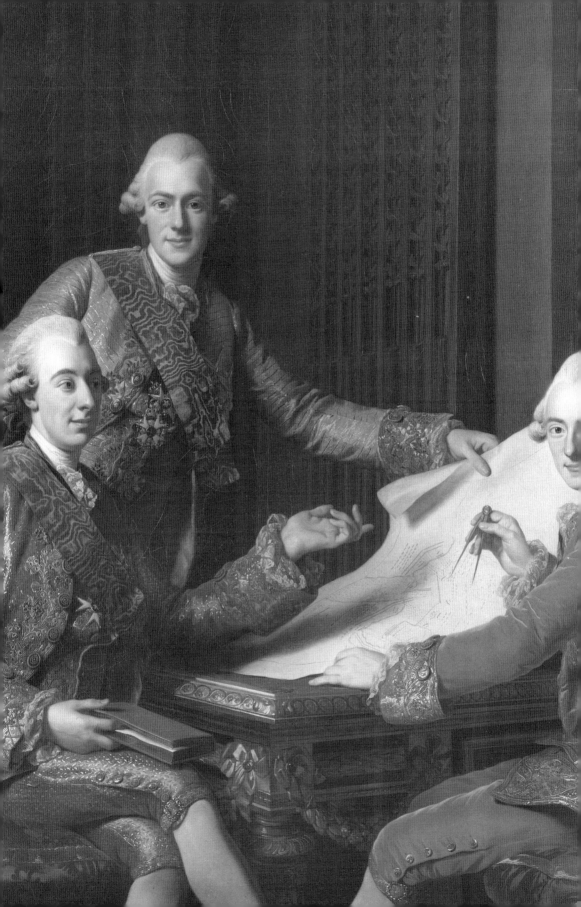

第三章

中西服饰刺绣历史发展及对比

无论为了现代创新而了解传统，抑或学习已有史上发生过的创新行为，对刺绣史的认识总结都不可或缺，因此本章直接从历史发展的角度，用历史分析法对中国和西方刺绣进入稳定发展后的历史过程加以梳理研究并总结。清晰的刺绣历史发展思路有利于直观发现掩藏在千年历史中的中西刺绣本质和种种问题，得出更全面深刻的比较结论。

第一节　稳中有进的中国服饰刺绣历史发展

中国服饰刺绣自4000多年出现起，便微妙地遵循着一套自己的法则稳定而卓有成效地发展着，从出土文物和史料方面来看，进入春秋战国时期开始就有丰富的刺绣痕迹，因此可以从春秋战国这一时间点开始作为本章中国服饰刺绣稳定发展的开端。

一、中国生活服饰刺绣

春秋战国时期，铁工具的广泛开发促进了手工业领域发展，加上丝织物由当地的封建垄断者开始当成贵重商品流行，景象空前发达，因此刺绣加工业相当具有规模。相应地，服饰刺绣已成为服饰装饰的重要语汇，在锁绣基础上发展为多排锁绣链，刺绣痕迹更加明显。据《说苑》记载："晋平公使叔向聘吴，吴人饰舟以送之，左百人，右百人，有绣衣而豹裘者，有锦衣而狐裘者……"❶作为吴越地区刺绣的最早文字记载，充分说明刺绣的流行；战国时期最具代表性的楚文化，更是挖掘出含有很多刺绣珍品的出土文物。例如1982年在湖北江陵马山一号楚墓中，出土的刺绣珍品共计21件，种类包括绣衾、绣衣、绣袍、绣裤、绣袱，还有多件衣服的缘也是绣的，针法以锁绣为主，穿插一点平针绣，色彩也极具浓郁的楚文化特征，以

---

❶ 张玉霞.试论我国先秦时期的丝织文化[J].黄河科技大学学报，2007（1）：31-33.

朱红、金黄、蓝绿、褐为主色，绣工非常精致，显现较高艺术造诣（图3-1）。

图3-1　马山战国楚墓对龙凤纹大串花绣绢锦衣　湖北省荆州博物馆藏

　　到了秦汉，刺绣基本沿袭已有风貌，仍以锁绣见常。值得一提的是，另一经典针法打籽绣在秦汉时期出现，初现于湖南长沙马王堆一号汉墓中的方棋纹绣面料之上，除此之外，墓中还有一幅内棺的外装饰用到了铺绒绣。前文中曾提过，刺绣在历史上从应用型刺绣诞生，逐渐又发展出了纯观赏型刺绣。当刺绣到了汉代时，纯观赏型的架上刺绣已见端倪，但服饰刺绣依然还是最为常见的形式。此时的手工业生产发展很快，对刺绣需求量仍只增不减。到文帝时，高级锦绣甚至有被富商拿来装饰墙壁的现象，在出卖奴婢前，也必"绣衣丝履偏诸缘"一番。专门从事刺绣的手工艺人随着刺绣生产地不断扩大，在当时已成为独立的职业门类，从俗谚"刺绣文不如倚市门"中可推断，刺绣作为主要的手工业，工人已经和小商人职业群体进行比较，足见这一门类此时已成气候。与此同时，锦类面料随着彩锦提花技术的提高，图案配色华丽多变，和西汉初年单一、缺少变化的情形形成鲜明对比，在锦类技术得到进步之后，刺绣便自然面临由装饰的主要手段逐渐开始与能达到相似艺术效果的彩锦各领风骚的发展态势。

刺绣由魏晋南北朝过渡，至隋唐可谓达到全盛时期，尤其唐代，显现出新的阶段性特征。首先除了一直以来以服饰刺绣为代表的应用型刺绣外，纯观赏型刺绣随佛教题材刺绣作品增多，工艺更加耗时；针法方面，锁绣为主的刺绣面貌悄然退出历史舞台，取而代之的是更加细腻的抢针、套针、虚实针、平金、盘金、钉金箔等，大体上可分五色彩绣、金银线绣和二者的结合绣，以此可看出刺绣从唐代开始，审美趋势更重含蓄渐变的褪晕效果，针法更加细腻，排线均匀平滑，使刻画各种图案的质感、纹理和体积感真实生动，同时对平金、盘金等金银元素毫不吝啬地使用，让整体的刺绣装饰更加华贵耀眼，跟唐代的服饰、装扮、室内陈列、建筑及其他艺术的审美相得益彰。

五代十国时期主要沿袭唐代遗风，各阶层仍对刺绣需求很大，从榆林窟女供养人画像可辨出，女子官服盛装中的各色花纹也有很多绣的成分，包括衣领间的图案（图3-2）。这个时代的刺绣面貌，最值一提的是它开始在军事上使用。这种刺绣类似于团体制服中的徽章，图案设计上有一定积极寓意，用绣的方式装饰在兵服上，产生壮人士气的心理效应。

至宋代，架上刺绣发展得格外突出，追求与中国古典绘画相近的笔触，色彩晕染方面逼真相像，绣线的丝缕被劈得更细，绣工更加耗时。相应地，很多应用型刺绣因此也受到影响，服饰图案上的花卉、植物造型追求精细逼真，针法被带动有继唐代进一步的开发，珠绣（珍珠为主）运用广泛。此时的刺绣在服饰中多讲究对称，因为女子服饰式样在宋代以对襟旋袄为主，刺绣集中在领抹直

图3-2 敦煌榆林窟壁画五代女供养人(局部)

下来的两道窄花边上，领抹成为宋代主要装饰的绣件之一（图3-3）。从宋墓大量出土物中发现，在领抹上常见戳纱绣法，也有绣画兼用的，因为服装会随礼节不同而穿着不同，绣纹都会随之变化。随着宋代统治阶级对丝织品生产和开发的重视，丝织品种类更多样，质量更好，并且开始流行面料中加金，据周必大《绣衣卤簿图》记载，一个多

图3-3 烟色梅花罗绣彩花边单衣　南宋黄昇墓出土　福建博物院藏

达两万余人的庞大仪仗队中，除四分之一人数着印染装饰类型的服饰外，其余都是锦、绣、绘，加金工艺的各种装饰使仪仗队更添流光溢彩。

即使在金元少数民族统治的特殊时期，起源于中原的刺绣并没有削减，反而由于丝绸和刺绣享誉天下而备受欢迎。虽然这时期整体的刺绣水准略逊于之前的精致，但需求量依旧不减。金人的官服延续了唐代以来文武百官服绣以不同纹样的传统，《金史·舆服志》记载到："……其胸臆肩袖，或饰以金绣，其从春水之服则多鹘捕鹅，杂花卉之饰；其从秋山之服则以熊鹿山林为文……"❶，其中对女性服饰的记载也提及刺绣："妇人服襜裙，多以黑紫，上编绣全枝花，周身六襞积。"❷到了元代，由于对亚欧大陆的征战扩张，继续受到西域和波斯地区更鲜明影响，对装饰金的喜爱比宋代有增无减，织绣面料中无不加金。

明清时代作为封建王朝统治的后期，刺绣依然是地位权贵的绝对象征，明代统治者的服饰更加精致，刺绣得到极大应用：王侯大臣的蟒服，宫廷官吏的补服，贵族妇女的云肩霞帔，都是常见精美刺绣样本，色彩华贵，缤纷夺目，甚至宫廷近身侍从、仪卫的装饰罩甲有些也被绣满种种花纹。而且依旧延续宋代开始的刺绣，图案和材质随四季而变，结合构图的精心设计，美轮美奂。针法方面继续进一步开发，出现"洒线绣"，它工艺精美且可均匀加厚绣底薄纱，加强面料强度，是明代非常著名的一种针法，女子的华服和明代的补子上最为常见。《红楼梦》中

---

❶ 孙希武.满族女真时代服饰文化考[J].科教导刊，2013（26）：2.
❷ 刘杰.金代女真人服饰的变化[J].辽宁工程技术大学学报（社会科学版），2013（6）：4.

晴雯补裘，所谓"雀金泥"，据分析，应该就是先用孔雀尾的羽毛捻成粗线，再用"洒线绣"绣制。到了17~18世纪的清初，染色、织绫及刺绣等手工艺都有相当发展，尤其中后期更趋精工细作。"洒线绣"此时在宫廷帝王大臣官服中继续流行，皇上的特种袍服也用到以上提及的"洒线绣"，而且更奢侈地在上面以米粒大珍珠珠绣成复杂的龙凤或团花图案。此外，双面绣竟然在服饰中展现，乾隆皇帝一件吉庆礼服，细腻的黄纱面料上面就采用了双面绣，彩云和金龙图案细密平齐地绣于龙袍纱地两面，正反没有丝毫不同，技艺精湛有加。除了宫廷，民间刺绣仍随处可见于汉妇女服饰中：外袖以锦绣镶之，裙以缎质裁剪作条，并在每条上绣花，而且有自下影响宫廷之势头……总之，清代的刺绣，特别是宫廷刺绣，把精雕细琢演绎到了极致，就连各种配件都十分精美，足见当时加工刺绣的手工艺人技艺之巧，投入精力之多。

进入民国以后，在国内战乱动荡和社会巨变下，中国传统文化也被突如其来的西方思潮严重冲击着，身在其中的刺绣不得不面临所谓工业化进程下的服饰巨变，于日常服饰中消减分量。如今日常服饰中鲜有刺绣，面貌单一，仅公众场合和正规仪式中能看到传统刺绣语汇的服饰，更难提创新。

此外，中国服饰刺绣发展史上还有不得不提的一笔——少数民族服饰刺绣，它们贯穿中国几千年的历史，早在《后汉书》中，就有瑶族"好五色衣"的记载，如今它们依然生动再现于华夏大地上。由于少数民族的区域性、偏远性，反而更好保存着各种古风古貌的刺绣样式，式样之多，继承之完好，是中国刺绣艺术领域绝对宝贵的一笔财富。有很多今天的少数民族锦绣、图纹都依稀透着几千年前这片华夏大地的影子。

二、中国表演服饰刺绣

历史过程中的刺绣发展总结，其实表演服饰方面也如今天一样来源于日常服饰，又新颖于日常服饰，刺绣有其特殊的一套脉络，充满可关注的价值。

春秋战国时期，表演服饰中已呈现刺绣的痕迹。《史记》中的"孔子世家"记述了齐人"选齐国中女子好者八十人，皆衣文衣而舞《康乐》"。●"文衣"即绣衣，看来舞服中尚绣由来已久，且刺绣是其重要装饰手段之一。和现代表演服饰设计思维相似，古代舞服也着重在舞服的上身、领口、袖部添加装饰感，如刺绣、珠翠、玉佩等，图案既通过大的花色块强调视觉又很讲究精致。当时的舞服把刺绣用得似乎更面面俱到，整体衣裙上画、绣、画绣并用不在少数，这跟中国古代整体社会节奏的缓慢，服装领域的重刺绣风气不无关系。

秦汉表演服饰中，以刺绣为装饰的同样并不少见。舞服中的刺绣效果同日常装一样延续春秋战国时期风貌，从云南石寨山出土的舞人泥塑和铜饰中可看到比日常服饰更加抢眼的装饰效果（图3-4）。有关当时的舞服描述，西汉的桓宽在《盐铁论》中提道："昔桀女乐充宫室，文绣衣裳。"●试想下华丽的宫殿中，文绣的舞乐服，曼妙的舞姿，悠扬的乐声，好一番陶醉景象。除舞服外，汉代戏中的演员无论俳优或非俳优，戏服多数是经专门设计的，因剧情而异，戏服中非常重要的虚拟性和装饰性特征也使刺绣无处不在，中国古代戏服的大体特点从汉代起初见

● 张越，张要登.齐国舞蹈艺术探究[J].管子学刊，2011（4）：27-35.
● 陈珊珊.在历史活动下考察女性乐人多词通称的现象[J].艺术研究：哈尔滨师范大学艺术学院学报，2012（1）：76-77.

图 3-4　石寨山双人盘舞铜饰　四川广汉三星堆博物馆藏

端倪。

　　唐时期,表演服饰随着歌舞升平的景象达到了空前盛况,刺绣在其中被更加重视。舞服上的刺绣装饰性很强,色彩大胆明亮,从唐代诗人对歌舞的赞美诗中常有金银绘绣的形容可推测此类服装中的装饰手段多用绣和画,如白居易的《霓裳羽衣歌》,"案前舞者颜如玉,不着人间俗衣服。虹裳霞帔步摇冠,钿璎累累佩珊珊"❶,把夸张的舞服与"人间俗衣服"加以区别的一定少不了装点虹裳霞帔的刺绣。李白诗中"翡翠黄金缕,绣成歌舞衣",可以看到五色绣和"黄金缕"的结合,不仅在日常服饰中,歌舞服装中更为多见。郑嵎的《津阳门诗》序也提及:"……又令宫妓梳九骑仙髻,衣孔雀翠衣,佩七宝璎珞,为霓裳羽衣之类。曲终,珠翠可扫。"❷这些诗中对歌舞绣衣的描述

---

❶ 邢志向.对山西闻喜寺底金墓出土的伎乐砖雕分析研究[J].音乐大观,2013(23):228.
❷ 董洁.唐代女性玉首饰[J].文博,2013(1):42.

或直接或间接，流光溢彩的刺绣在歌舞服装中成为重要语汇，尤其与珠翠、羽毛、金属装饰、宝石等的呼应更显美轮美奂。刺绣时常还会巧妙地如现代所用：尚刚在《唐代工艺美术史》中清晰描述过一次唐明皇生日宴，宫中乐舞献寿，舞女的衣襟各绣了一大团窠，绣随衣色，尽显神采焕然。刚出场时以笼衫遮盖，到了中场，随着舞姿突然展现出大团刺绣图案，视觉的反差和刺绣的华美让在座的欣赏者都十分惊喜。此外，唐代流行的科白戏表演，和如今以剧本为本，从剧中人物塑造出发不谋而合，设计上基本因人设衣，因事设衣，展示出来的服装名目繁多，其中包括大量刺绣。唐代开始，逐渐有个别类的戏开始向程式化发展，这也使得戏曲服饰刺绣于程式化中得以继续成长。五代十国歌舞服饰沿袭晚唐风，不单袖部褶裥夸张，有时也会和着四合如意式云肩，和唐霓裳羽衣相通，刺绣于其上增添异常华美感。宋代表演服饰方面，刺绣的运用除有与日常很多相似之处外，为了表现夸张性的装饰感而重刺绣的表演服饰不在少数，比如宋代流行一种盛大的表演形式——除夕之日的宫中大傩仪，意在辞旧迎新，击鼓驱疫，逐尽阴气为阳导也。孟元老所著《东京梦华录》记载了除夕当日"禁中呈大傩仪，并用皇城亲事官。诸班直戴假面，绣画色衣，执金枪龙旗……"，❶从面具、衣着到手持的道具，无不弥漫着隆重的节日气氛，而衣着上的刺绣在其中分外显眼。

金和元统治时期，金元戏剧的发达相应也影响了表演服装发展。金朝杂剧服饰中"服色鲜明，颇类中朝"，与宋朝杂剧服饰样貌相似，因此服饰特征还不是很突出，而元代杂剧艺术随着"不得志"的汉文人无法施展才华，大

---

❶ 赵曼.傩戏对中国戏的影响[J].时代教育，2015（1）：265.

量流入此领域，因此在宋杂剧的铺垫下艺术水准已出现空前盛况。元杂剧服饰不仅来源于日常生活服装，与舞蹈服饰也有密切联系，在此基础上对杂剧中角色类型又有很多考量，从而把服装进行角色需要的改造，这些元杂剧服饰中大量运用刺绣装饰，尤其金绣。

到了明清，戏剧演出十分热闹，明杂剧之后出现了流行一时的明清传奇。杂剧此时由于在宫廷盛演，服饰上不容马虎，刺绣装点的服饰更加丰富多样，明代戏曲服饰史料《脉望馆钞校本古今杂剧》的"穿关"中有各种图纹资料录述，可见当时的杂剧服饰刺绣图案相当华丽。杂剧中很多服装式样来自日常装，并且此时更显程式化，如以明代典型的宦官常服来扮演剧中武将角色，并逐渐固定下来，因此剧中武将服装定有如宦官常服一般奢华的刺绣。明清传奇服饰也多来自明代生活服饰，但它与杂剧服饰的最大区别还在于明清传奇明显离生活服饰更远，程式化更强，服装名目分类更细化。比如明代日常服饰中流行过的一款"时装"水田衣，在大戏中被借以开发，为了表现僧尼形象，把水田图纹绣在道袍之类服装上，久而久之，戏剧中这种绣出的水田纹样服饰便成为僧尼仙侣角色的代表性服装。用刺绣图案装饰明清时期杂剧和大戏服饰的例子举不胜举，这些典型化的刺绣图案通常是角色身份、地位的直接暗示，典型人物的典型刺绣装饰使戏曲角色在历史上进一步程式化。

早在明末清初的江湖戏班，戏衣中清晰可见精致的"顾绣"，"顾绣"素有"画绣"的美誉，呈现在当时极具代表性风貌的各类行头中，如顾绣龙披风、顾绣青花五彩绫缎袄褙、顾绣锦缎敞衣、镶领袖杂色夹缎袄、大红金梗一树梅道袍、石青云缎挂袍、五色鹤氅、大红杂色绸小袄舞衣、水田披风、白绫裙、绿绫裙、秋香绫裙、帕裙等。

而在顾绣败落后的顺治年间，技艺逐渐被其他地区吸收，广泛传播至各类民间戏衣中，使很多戏衣有了画绣这般精美的工艺。民间戏服刺绣都如此讲究，宫廷的要求则精益求精。早期清代宫廷戏衣是用明代库存的面料和绣片进行制作，中后期开始每个制作步骤都更加专门化，刺绣的戏服通常先画好样，再由皇帝亲自过目，对所有的图案、颜色、式样满意后，命造办处制作。据雍正年间造办处的活计档上记载："太监施良栋传旨，韩湘子青色绣衣另换做香色，铁拐李青色绣衣换成石青色。俱照此花样、尺寸往细致里绣做八件，其衣上绣花要往好里改绣，先画一身样呈览，准时再做。"[1]宫廷造办处在此标准要求下不得不有相当细化的分工，据《大清会典》记载，造办处下分设置衣作、绣作、皮作、染作等。关于大戏演出的服饰规模，"道光二年（1822），南府总管李禄喜等人，查点了官内和圆明园内贮藏的行头砌末，开列了清单，各式服装总数就多达四万件，简直是一个大衣库，其中相当部分是专为大戏承制的。大戏动辄数百上千人登台，服饰数目繁多，绣锦织金，富丽堂皇"。[2]大戏中的服饰规模，服制的讲究，宫廷上下不遗余力的物质支撑都使戏衣整体规模此时到达顶峰。又随着赏馈和意外流失，清末宫廷戏衣由宫内外溢，样式逐渐流入民间，从而也影响着民间日常和戏装服饰及刺绣，并且相继影响到民国至今为止戏曲服饰总体的刺绣技艺和审美样貌。

经历了沧桑的时代巨变，现代表演服饰中出现刺绣的机会较之日常仍略多，大都在戏曲、影视舞台剧中可见，具体可见服饰刺绣现代创新章节。

---

[1] 曹连明.清宫戏衣与神魔戏[J].历史档案，2008（3）：120.
[2] 宋俊华.中国戏剧服饰研究[M].广州：广东高等教育出版社，2011：134.

中国4000年的刺绣文化，包罗万象，长足稳定的发展中每个时期又有着属于自己的刺绣特征，而且在中国特有的人文地理中，还保留着中原和少数民族地区既相互影响又独树一帜的风格面貌，这些都是中国现代服饰刺绣特有的财富。

第二节　开放跳跃性的西方服饰刺绣历史发展

欧洲虽然有了自己的养蚕和丝织技术，但也并没停止过放眼世界的态度，中国的刺绣织物依然是欧洲进口的主要物品之一，除此之外，欧洲还将其殖民地，比如印度等地的海外织物技术吸收到自己的服饰式样中。刺绣开始在越来越重装饰感的欧洲服饰上变得不可或缺。

一、西方生活服饰刺绣

欧洲服饰发展到公元5、6世纪的拜占庭时期，融合了古典主义和东方艺术的装饰特质，丰富的面料、色彩和奢华的装饰成为此时拜占庭服饰的主要特征，宫廷中到处可见非常华丽的金线、宝石和珍珠的刺绣物。拜占庭帝国皇后，查世丁尼一世皇帝之妻狄奥多拉（Theodora）的一件白丝绸齐地袍，推断以华丽的锦缎制成，边缘装饰了厚厚的金绣，紫色斗篷的边缘上也用刺绣装饰，更有趣的是上面的图案，绣有3位持圣礼的智者（圣经故事中耶稣诞生当晚给耶稣礼物的人），明显具有某种宗教意味。到了10世纪末期，女性服装的装饰式样又有了新变化，很多袍子的上衣正中沿领口有呈T形的宽边刺绣装饰，使服装充满分量感，和头部轻柔的丝或上好的半透明麻制成的头巾交相呼应。

公元1000年后，当欧洲服饰从罗马风格正式向哥特风格迈进时，紧身细腰长袖的服饰在中世纪广泛流行，很多用进口丝绸面料制成，在上面以刺绣装点，刺绣成为此时期典型服饰的主要装饰语汇之一。

与此同时，12、13世纪开始，以法、意为中心的欧洲大陆开始掀起服饰新面貌，但变化中也显然流露着西方摩尔人和东拜占庭影响，面料、色彩、装饰方面尤为明显。这一时期，紧腿袜成为流行，很多上层阶级把注意力放到袜子上，高档面料上加入耀眼刺绣，来引起人们注意男子腿部的阳刚线条。欧洲对珠子的热爱从很早便已开始，或许最早受到埃及时期的影响，各种珠子成为服饰中不可忽略的装饰元素。在西班牙发现的1275年用各种珠子缝在面料上做成的帽子，有珊瑚珠、珍珠、种子和小的玻璃珠，结合在一起质感十分丰富，和其他形式的刺绣一样，当时是只为贵族所拥有的。

到了文艺复兴时期，文化运动大肆兴起，带来了一场科学与艺术革命，在各个方面揭开了近代欧洲史序幕，可谓中古时代与近代的分界。服装的式样也有了近代欧洲服饰大面貌，刺绣与服饰的相互依赖更为明显。刺绣在服装中的出现部位和面积都相继丰满，男士的袖子部位会布满刺绣，宫廷场合，尤其西班牙宫廷中，可以看到很多金色织锦缎和金绣的天鹅绒，显示主人的富有和阔绰。16世纪前半叶，随着男子遮阴布（codpiece）变得夸张，刺绣、丝带作为永恒的夸张语汇又发挥了作用，后半叶中，兴起的膨胀短裤上切割成的一条条面料同样用起织锦或刺绣。欧洲这时期几个主要国家中，英国对服饰的装饰性起初是较为"矜持"的，当法国时尚崛起，影响到英国16世纪70年代后期的服饰，服装的表面被更满的装饰全面打破。从伊丽莎白女王本人曾公开露面的上百件服装来看，刺绣、穗子、珍珠、宝石等装饰比比皆是（图3-5）。不难看出此时刺绣开始作为一项艺术表现形式被凝聚大量注意力，许多女性开始利用自己的空闲时间刺绣，不仅可以消遣时间，同时又能有装饰美化的成果。值得一提的

图3-5 伊丽莎白一世女王画像 1592年

是，刺绣在西方发展到这一阶段逐步出现了刺绣教程，或许是大家为了相互促进刺绣的广泛普及。起初，并没有针法教程的印制版，她们只能自己摸索进行刺绣设计，然后相互交换经验，为了保存所有的针法，她们制作了刺绣实物样册，并妥善保存下来。随着刺绣式样需求不断，针法逐渐被进行商业开发，之后便正式产生关于刺绣的出版物，使得大家总结的刺绣设计方法和主题在整个欧洲可以流传开来。

17世纪法国在服饰领域的天赋开始尽显于整个欧洲，路易十四国王用自己的号召力使男子服饰更加讲究，尤其在后期开始流行一种长大衣和半截裤的式样上，刺绣出现的频率很高，二者共同来演绎着巴洛克的奢华（图3-6）。女士服装中此时收紧腰身裙部膨胀感更强，上身前中多敞开呈V形，裙部露出形状正好相反，露出里面刺绣装饰的紧身胸衣或衬裙部分，就连新兴起的女鞋也是配以刺绣装饰。而这种看似纯西方的奢侈却时而透有一股强烈东方感，尤其从17世纪上半叶传统刺绣持续繁荣后，到了

图3-6　凡尔赛宫一室版画　1694年

中晚期，来自东方和近东方的气息又一次影响欧洲，异国的花卉纹、动物纹、蕨类的叶子纹，还有图案中那节制的用色……东方的丝绸、刺绣、装饰图案经常被完好地融入西方服饰式样中来。随着路易十四强制性地要求法国工人进行东方刺绣的模仿，以刺绣为代表的法国手工业得到发展。当时法国刺绣从业者男女都有，同样也有专业和业余之分，工作地点很灵活，有集中在专门工作坊，也有在家中工作，皇家刺绣者查尔斯·日尔曼·维·圣欧班（Charles Germain de Saint-Aubin）在他所著的《刺绣者的艺术》（*Art of the Embroiderer*）一书中揭示了作为欧洲刺绣中心的法国，专业刺绣者们的工作细节：这个行业的收入非常高，从早6点到晚8点，再长的话是双倍工资。经他们之手，欧洲服饰也变得异常绚丽奢华，至此，法国有了奢侈品生产国的地位。

18世纪，丝织品和刺绣元素依然引领欧洲各国宫廷时尚。男装沿袭上一世纪巴洛克的着装样貌，洛可可时期的刺绣分量只增不减，男士的马甲和外套都布满华丽的金银刺绣和蕾丝，图案更加繁琐复杂（图3-7），制作男装的服装师们也被赋予"百科全书"的称号，原因是已经没有他们不知道的技艺和手法了。虽然主要的服饰刺绣作品还是由专业刺绣师完成，但女性把刺绣作为爱好和平时消遣也仍是常事，经常为自己或赠予他人的礼物而刺绣，英国小说家塞缪尔·理查逊（Samuel Richardson）1740年完成的畅销小说《帕梅拉》（*Pamela:Or Virtue Rewarded*）中就有描绘到女主角正为她的雇主绣一件马甲。女性服饰中的刺绣运用沿袭着17世纪的各种习惯，尤其值得一提的是，珠绣此时频繁出现在服装和与服饰配套的手包等配件上。珠绣工艺方面，1770年巴黎皇家刺绣师查尔斯·日尔曼·维·圣欧班设立了专门为法国宫廷服务的珠饰工作

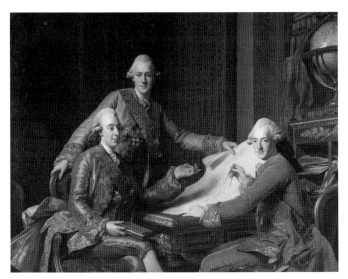

图 3-7　瑞典国王古斯塔夫三世（Gustav Ⅲ）和他的兄弟　1771 年

坊，他首次使用早已在锁绣中应用的钩针把珠子附到面料上的方法，此方法在 100 多年后得到充分开发，改变了一直以来一颗颗钉珠子的低效率方法。不管以法国为中心的欧洲丝织和刺绣工艺理念到达多高水平，来自东方的丝织品和刺绣依然保持着超然位置。

18 世纪以后，到接下来的 19 世纪，随着殖民和国际贸易的增加，大量重装饰的商品从手工艺生产中心国（如中国、日本、印度和土耳其等）进口到欧洲。19 世纪，起初 10 年间由于 18 世纪末法国政治动荡，男士服装经历了几年简洁风，之后又渐渐回到重装饰革新中，尤其是宫廷场合，开始脱下简洁服装，在并不舒适的美丽衣装中重新认识自己。他们所穿着的套装是由大量坚硬又沉重的金属刺绣来装饰，加上厚厚的衬垫和非常修身的裁剪。除此之外，东方风格的刺绣在服饰中依然多见。

20 世纪初是欧洲时装产业开始初步发展的阶段，以法国为中心影响着整个欧洲，从之前重装饰的繁琐紧身衣大裙撑向简约的线条服饰转变，然而对刺绣的热情始终没有消减，在更全新而多样化的服饰新式样中用各种更新颖的方式融入刺绣。尤其一战后，许多公司经历着高档面料短缺和急需好看的装饰，所以刺绣必不可少。这个势头一直发展到了1928年，刺绣的高峰状态有些回落，人们对它不再那么感兴趣，开始转向光滑的印制图案面料。其实早于19世纪便开始的工业化进程中，由宫廷为核心崇尚起来的刺绣便已面临成本更低廉的工业产物竞争，但这只是个大的走势，刺绣有它厚重的历史感和独特的工艺魅力，直到现在，西方服饰中都没完全脱离过它的身影。整个20世纪中，来自东方的刺绣依然一直与西方服饰有着千丝万缕的联系，尤其20世纪初期，西方依然从中国大量进口刺绣，1913年的《南洋劝业会报告书》中显示："光绪二十六年（1900年）经由广东海关出口的绣品达四十九万六千七百五十两银""吾国绣品销外洋者，广东最多"……❶

二、西方表演服饰刺绣

由于地域的限制，目前梳理出一套完整的西方表演服饰的详细图文资料并不容易，因此有关西方表演服饰刺绣进入现代之前的历史了解只能从历史稍晚期直至20世纪前期做一简单了解，从而加以推测总况。

即使到了19世纪，关于当时表演服饰状态的文字或图片记载也并不多见。描述法国皇帝拿破仑1800年于米兰大教堂庆功宴的资料上提到，当时他心碎于29岁的意大利著名女歌唱家格拉西妮（Giuseppina Grassini），她身

---

❶ 胡继芳.广绣的艺术风格及其与西方艺术的相互影响[J].丝绸，2009（8）：45.

着中东异域刺绣演出服的这幅画像，证实了当时演员演出
服上仍然存在精细华丽的刺绣（图3-8）。

随着近代舞台艺术的发展，20世纪，歌、舞剧形式
的演出颇具特色，非常活跃，刺绣方面也随之"浓妆异
彩"。20世纪初由于俄国芭蕾舞剧在欧洲的绽放，舞服和

图3-8　格拉西妮身着演出服画像

布景中浓郁的色彩和厚重的刺绣使巴黎人民为之倾倒。当时为法兰西喜剧院歌剧《雪之少女》做服装设计的设计师添妮斯法（Tenisheva）曾提到过此次服装的创作过程，因为当时没有找到合适的面料，她便把衣服从头到脚布满了刺绣，使之价格不菲。

当时舞台艺术中对刺绣运用的规模之大甚至影响到时装领域，以著名设计师普瓦·波烈（Poiret）为例，受到舞剧服饰影响，他的作品中充盈着东方色彩，当然离不开刺绣，服装边缘的"戏剧化"装饰刺绣，如珠子、石头等材质，在时代背景下极具商业价值。

第三节　中西服饰刺绣历史发展的对比结论

经过中国和西方各自历史整体发展过程的梳理，站在双方比较的角度观察，一些看似模糊的概念此时更清晰地浮现，在千年漫长的发展过程中，地处大陆东西两端的中西文化给予刺绣的是包含着相似之处与鲜明不同的复杂感。

一、中西服饰刺绣历史发展中的共同点

中国刺绣从起源至今比西方早了1000多年，中国有着大约4000年的刺绣发展，而西方从出现刺绣至今也经历过了2500个年头，从几千年刺绣的发展来看，中西方刺绣的确存在着共同之处。

（一）中西方刺绣的重装饰感与名门贵族的身份认同感准确得到对应

无论中国还是西方刺绣发展的痕迹中，刺绣始终是贵族等级地位的象征之物，受到宫廷贵族的认可，他们也是刺绣起初最大的消费者和服务对象。

刺绣无疑是以装饰衣着的目的而产生，这一性质也始终伴随着刺绣的古往今来，无论是东方丝绣的含蓄奢华还是欧洲刺绣带有各种质感光泽的强烈组合，刺绣都是给相对层次单一的面料以综合添加图案、色彩和材质等语汇的方式。加上它昂贵的手工艺价值，因此与与生俱来的贵族试图极力显现自己高贵耀眼外观的心理十分贴切。在这一点上，中国与西方在历史上的各个时期都表现着一致性：

1.刺绣在西方皇室贵族中的身份标记感

欧洲进入艺术创作第一个高峰期是16世纪，影响至17世纪，服饰也随之更为大胆地以本土审美需求呈现着包括刺绣在内的装饰艺术。

16世纪就连倾向"严肃风"的英国也放弃了"矜持"，纷纷吸收来自西班牙的重刺绣装饰风格，最初的"代言人"便是伊拉莎白一世女王本人。从16世纪中期开始，伊丽莎白女王几乎所有曾公开露面的服饰中都被刺绣、珍珠、宝石装饰得精致而丰富，在她所接受赠予的一件紧身上衣上，在已很昂贵的上衣面料上又用绣线、装饰绳、丝绸面料装饰，呈现出丰富的刺绣装饰效果。类似这种毫无节制的刺绣装饰处理在女王几乎每件大众所看到的服饰中都不同程度、不同风格地得以体现，刺绣使视觉的奢华与高贵显赫的身份准确对应。

17世纪，法王路易十四半个多世纪的稳固统治中，在服饰上也想方设法地用刺绣等手段增强国王身份的奢侈尺度，刺绣材质更讲究，图案造型更复杂，围绕着巴洛克的视觉审美尽情彰显刺绣的丰富奢华,甚至包括对东方元素的猎奇吸收。而这些正有利稳固着那神圣不可侵犯的君主地位,刺绣以它无止境的装饰语汇与政治竟也发生着微妙的关系。

2. 刺绣在中国皇室中的身份标记感

中国的刺绣更是历朝历代王公贵族毋庸置疑的身份表征,甚至发展成为一套包含刺绣和刺绣图案在内的礼服制度,其中的图案寓意象征非常讲究。以艺术文化最为开放繁荣的唐代为例,虽然与西方呈现出的刺绣美学色彩完全不同,但身份标记感在越显赫的人群中越突出。

随着唐代的盛世景象,商业、手工业得到长足发展,刺绣随服装的美感一同更加张扬,平金、盘金等金银元素技法毫不吝啬地开始被大量使用,不但王公贵族会以刺绣彰显自我的优越感,面料与刺绣装饰的华丽分量也竟能直接显示嫔妃们争相攀比的宠幸程度。整个唐代最受宠爱的宫室嫔妃当属唐明皇的爱妃杨玉环,相传,唐明皇因宠幸杨玉环,专供贵妃院织绣,且织绣人数竟达到700余人,这些工匠艺人们专属于杨玉环一人,其所有华丽迷人的衣着从面料的织到后期的绣,都由他们一丝不苟地完成。此举可谓对贵族服饰和刺绣等装饰备受喜爱的生动写照吧。

刺绣的贵族身份象征功能使得其在中国古代服饰中自然而然产生了区分等级的功能性,从唐开始,明确出现了以刺绣纹样不同代表不同寓意,借以区别和规范文武百官的服制。相关资料已有记载,"唐太和六年又许三品以上服鹘衔瑞草、雁衔绶带及对孔雀绫袄"[1],可见,刺绣在彰显高贵身份方面发挥的作用体现得淋漓尽致,甚至比起西

---

[1] 黄能馥,陈娟娟.中华历代服饰艺术[M].北京:中国旅游出版社,1999:191.

方刺绣礼数更多、更复杂。

（二）刺绣在中西发展过程中都受到过来自宫廷的限制，但更多的是有意或无意推动刺绣产业的大力发展

1.宫廷的直接限制

来自宫廷对刺绣的直接限制虽然中西两方面历史过程中都不见多，但还是在发展初期分别都不同程度存在过。

（1）中国

中国历史上的周朝统治者就对刺绣实行过严格的限制，通过刺绣生产严加管制的方式使其专属于宫廷贵族服饰之中，或许是物以稀为贵的缘故，当时的刺绣在发展初期并不稳定，刺绣资源也十分珍稀，为了显示统治阶层的特权，"珠玉锦绣不鬻于市"，高级刺绣工艺只能成为上层的专属。

（2）西方

在欧洲人文主义大潮的文艺复兴之前，早期的拜占庭到中世纪后期，宫廷对刺绣手段的运用也是一直有所特别规范，平民百姓与刺绣一定是隔离状态，就连积累了大量财富的商人，也不是随便可得到想要的刺绣之物。君主们希望刺绣只为宫廷贵族服务，或许同中国一样，在早期的珍稀之物中，只有强行控制刺绣资源来使其集中服务于宫廷，尽可能地满足宫廷中的大批需求。

2.宫廷的直接或间接推动

刺绣历史发展的大部分时间中，宫廷都自上而下地对刺绣产业起到了推动作用，即使实施干预限制，但事实证明，每次限制往往都会在民间产生更为流行的热度，这何尝不是一种间接推动。由于刺绣是财富与高贵的象征，无论中西，宫廷对刺绣的需求会导致刺绣加工量增多，从事刺绣的手工艺者自然越来越多，在此情况下会有为鼓励刺绣业大肆发展的行为出现，可谓无意识中又时有下意识推动的迹象。

（1）中国

虽然中国历史上并没有出现明显的统治阶级急于促进刺绣进一步发展的直接行为，但从战国开始，刺绣的一种重要功能便是作为贵重礼品往还于诸侯邦国之间来缓和彼此矛盾。仅以馈赠互通这一方面为例，刺绣业因而出现大量的纺织刺绣生产者（会执针、织纴的工奴或女工妾），少则数十，多则数百人，有时也会被一同作为贿赂品互通往来。刺绣的价值连城和政治互通上的迫切需要使刺绣生产自然而然受到极大重视和扩展，也在全国各地显现出相应的成效。再从提升整体刺绣水准的角度举例，正如清代雍正皇帝一样，宫廷戏服的刺绣图案色彩都要先让人画样过目后再生产，用量之多，工艺之精美，不光促进江南织绣业进一步发展，当清末宫廷大戏衣流入民间后，也纷纷调动了民间对高水平刺绣工艺的效仿和传播的积极性。

（2）西方

西方自中世纪的刺绣限制政策后，始终以宫廷贵族为服饰引领，促进刺绣繁荣发展，除此之外，宫廷的"强制促发展"举措也时有发生。

法国路易十四在位期间为保护和壮大本国纺织和刺绣手工艺发展水平，他以奢华而迷人的服饰深深吸引着宫廷内外甚至整个欧洲效仿：当时 17 世纪的凡尔赛宫中流行一股东方热，房间的墙面上铺满了东方纹样的丝绸壁纸，房间里的宫廷贵族们身上布满了丰富的东方刺绣，散发着别样的优雅与妩媚。这一东方热在法国停留了几十年，直到 17 世纪末，终于引起法国财政大臣柯尔贝尔的警觉。当地设计师们为了投贵族所好，长期采用大量高价的中国面料和装饰，使得法国本地手工生产无法从中受益，因此柯尔贝尔立即颁布法令要求法国的纺织和手工艺者进行模仿，将直接东方进口视为非法，变向促进了法国丝织和刺绣手工艺的发展。路易十四相应发挥太阳王般服饰号召力，让宫廷内外跟随他的奢侈之风，但这些服饰和上面的装饰必须由法国工人制造，而整个欧洲大陆的宫廷服饰如果想不被时尚嫌弃的话，也需要为大量的法国服饰和刺绣手工艺买单。这些的确促进了法国刺绣水平发展，使其至今享有欧洲刺绣中心的盛名。拿破仑执政时也同样效仿此法，以宫廷鼓励政策，指定某些皇宫专用面料或装饰的方式，带动法国当地相关手工业的恢复，丝织业和刺绣得以逐渐从法国政治动荡所造成的服装简洁风中回到之前的蓬勃状态。

二、中西服饰刺绣历史发展中的不同点

除了以上中西方刺绣发展的共同点外，其表现出的不同或许更发人深省。

（一）中西方相互影响的方式和程度不同

1.中国被西方影响

中国服饰刺绣方面受到西方的影响不十分鲜明，但也确实存在。早在公元600~900年间的唐代，随着丝绸之路贸易的频繁往来，向西方大量输出丝和绣的同时，也把一些西方纹样带回大唐。唐代负有盛名的狩猎联珠纹独具波斯风格，就是初唐时通过丝绸之路从西亚传来，影响了唐代服饰的整体装饰图案，形成以团花为时代特征的面貌；新疆出土的各种隋代壁画、彩塑中可见有"披风近似毛织物作成，衣着却是用锦绣丝绸加上杂彩条纹小口裤和软锦靴，样式或来自波斯，通过高昌进入中原"❶；从唐代开始出现的与先前稍有审美区别的金丝绣不免也受到中东地区

---

❶ 沈从文.中国古代服饰研究[M].北京：商务印书馆，2011：298.

影响，尤其元代出现大量织金、绣金的生产物品，更说明了丝路从西北以外给中原带来的变化；到了清朝末期，中国遭受帝国主义侵略的大背景下，刺绣方面由于化学染料的大量倾销，不免被迫影响到丝绸和刺绣色彩的处理，由几千年来的植物染色逐渐产生化学染料染色，这种纯天然往工业化的转变，不免会改变中国一直固有的天然色泽特性，具有融入现代化生产等积极意义的同时，中国审美中的典型性也随植物染色法的改变而有些许流失……

2.西方被中国影响

欧洲大陆从出现刺绣那天起，就始终没有脱离过中国刺绣的影响，拜占庭时期是东方元素盛行的典范，散发着一种中西相融的神秘味道。随后每个时期都会不间断兴起一股东方热。即便在法王路易十四为了改变白银流动走向，大兴法国本土的刺绣手工业，严格禁止中国等地刺绣的直接涌入时，为了同时满足贵族对中国刺绣的迷恋，发号禁止时也对法国刺绣艺人用到"模仿"二字，在当时的巴黎指南中曾使用一个新词——"中国样式"（Lachinage）；18世纪的欧洲，东方元素的势头在时尚界依旧不减，包括刺绣在内的东方特色在欧洲一度得到发展，他们开始效仿这些材料和技术，并与本国已有的技术或审美相结合，借东方国元素形成欧洲时尚。例如这期间在中国加工了一款制作男士马甲的刺绣面料，呈现了中国刺绣图案常有的人景合一题材，虽然纯中国的真丝上是中国典型的静怡刺绣图案和非饱和的配色风格，却被与欧洲服饰中的绗缝语汇相融合，一件服装中有了融合东西的别样味道，可谓来自平面审美与西方立体浮雕感的一次完美交融（图3-9）；19世纪中叶，著名法国设计师埃米尔（Emile Pingat），除了在他擅长设计的斗篷中装饰以同色系的珠绣和异色贴布绣外，也会从中国图案中吸收灵感，

图3-9　意大利男士马甲所使用的刺绣面料　1740 年　来源: *Fashioning Fashion:
European Dress in Detail, 1700 −1915*

用传统刺绣典型的云纹图案与欧洲花卉相结合，呈现出中西多元化造型风貌。

　　很显然，整个发展过程中，西方刺绣受到中国影响程度很大，与中国受西方影响的程度相比，西方的态度和行为显得更为积极主动，似乎知道自己这方面的弱势，一度地表现出渴求，用丝路上最繁荣的一千多年贸易往来和服饰中"毫不吝啬"的中国刺绣来表达对东方的崇拜感，且从不遮掩。以这种态度发展刺绣，除了对中国迷恋外，也把这种态度同时用到了对别国的借鉴上：比如由非洲兴起的珠子装饰发展来的珠绣，到了欧洲大陆后似乎焕发新生命，与东方主义毫不冲突地同时被开发着，尝试很多新的碰撞，不停给西方服饰刺绣增添无限可能性；日本及印度等地的东方绣种也成为欧洲大陆上丝绣进口和加工的部分来源，一款日本出口欧洲市场的刺绣面料制成的服装（图3-10），从服装款式方面看呈西方式样，刺绣却为日本主题，诸如上面的花鸟，造型和配色都显现日式风格，但从刺绣线迹上看并不是采用很细的绣线，光泽感和精致程度略不及中国……

　　比较之下，中国略显"封闭"，虽然中国古人特有的精致、儒雅、细腻在刺绣中拥有很多工艺和审美上的优势，比如元代特别流行的"纳石失"，实为波斯金锦，据说这种金锦虽从波斯传来，但隋代的织工已能织造，且比波斯织得更好。中国人的心灵手巧是有目共睹的，但内在的驱动力却是基于闭塞的中国古典思维中，经历着一朝一

图 3-10　日本出口欧洲的刺绣服装　1885 年　来源：*Fashioning Fashion: European Dress in Detail, 1700 –1915*

代的更替而缓慢发展刺绣，毫无外界的"干扰"和竞争感。就拿上面提到的欧洲珠绣为例，中国的隋唐时期已可推断有珍珠绣，宋之后更加受欢迎，明清势头只增不减。清乾隆帝的一件龙袍以11万颗细小珍珠和珊瑚绣出云龙海水，然而在19世纪末的光绪年间，珠绣才打破之前单一的珍珠和珊瑚材质，多了玻璃珠，由于封闭的大环境，珠绣的材质开发比欧洲晚了几个世纪。更重要的，在绣法上此时国内首次模仿非洲和东南亚的全珠绣，制出珠绣拖鞋，这一装饰方法是自公元前重珠饰的古埃及发展而来并早已被欧洲大陆吸收，中国却在如此长时间里没有受到丝毫影响。即使再陶醉在刺绣大国优越感中，拘泥于服装中那一笔绣出来的精致无瑕，也无法跟得上越来越变幻莫测的时代潮流，尤其在服装领域中，中国刺绣发展的态度所产生的消极结果，在20世纪打开国门之后，开始直接暴露。

（二）西方比中国多了促发展媒介

如今大家对刺绣的了解手段多通过实物和媒体，也自然感受到刺绣媒介带给刺绣爱好者及从业人的帮助，不得不说媒介的教育与传播方式既便捷又可对传播区域内的刺绣设计水平（眼界的拓展）和技艺提升产生很大的影响。刺绣当今处于成熟阶段，在中西历史发展中媒介都是促进刺绣进步的不小因素。然而，中国关于刺绣的书刊媒介在19世纪20年代才出现罕见的第一本，并且第二本竟也时隔近一个世纪后才产生，这一点上欧洲有关刺绣的专业书刊比拥有印刷术发明国之称的中国甚至早了200多年。

1.中国史上刺绣出版物的贫乏

在中国，无论多么精湛的刺绣手艺，自古都是以言传身教方式传承，这点和戏曲发展中师傅带徒弟性质相似，"绝活"不会轻易外传，以在关键时刻显示自己的拿手技艺。中国服饰刺绣由来已久，印刷术从隋朝时期便已出现，然而第一本关于刺绣的书籍却直到清代道光年间（1821年）才出现，即丁佩所著的《绣谱》，之后民国八年（1919年）出版了由沈寿口述，张謇笔录整理而成的《雪宦绣谱》。

2.西方史上刺绣出版物的丰富

在西方，虽然刺绣史不长，但当文艺复兴时期更多的人把注意力放到刺绣时，很多人开始在空闲时间刺绣的同时，自己摸索刺绣针法，用制作刺绣实物样册的方式保存研究出来的针法，并以样册相互交换经验，16世纪印刷术由中国传入西方得到发展后，随即正式产生了关于刺绣的出版物，把刺绣及新针法以书刊形式在整个欧洲传播开来，一些有经验的刺绣从业人也会撰写关于刺绣的著作发表，刺绣大师查尔斯·日尔曼·维·圣欧班所著的《刺绣者的艺术》（*Art of the Embroiderer*）一书便是很好的例证。他会考虑当刺绣师们使用贵重的金属材料刺绣时，需要明智地平衡肉眼的观感和使用昂贵金属的数量（即使用贵重金属材料刺绣时，总是随着设计者的审美与效果呈现之间的问题，因为刺绣本身是造价很高的工艺，无论时装还是表演服饰中刺绣服饰永远和经济因素考虑不可分离，这点在快节奏高效的时代越发明显）。通过书籍进行经验的共享使刺绣虽发展周期短，但传播媒介发达，迅速让刺绣理念和技艺在整个欧洲传播开来，提升了各地区的平均水平。如当时的服饰和刺绣中心，也是整个欧洲的时尚风向标——法国，在拥有更多的刺绣订单、更先进的刺绣水平时，一边获得稳定的财政收入，一边又毫不吝啬把经验所得以出版物形式与其他地区共享，创新和分享并行使欧洲的刺绣发展环境充满优势。

从欧洲刺绣刊物书籍发挥的作用中可见，媒介始终都是辅助刺绣发展的重要因素。欧洲刺绣发展中对刊物媒介的有效利用创造出一片更生机勃勃的发展景象，而中国历史上刺绣领域对媒介传播的保守态度在一定程度上阻碍了刺绣的开放式发展。

（三）科技手段在西方服饰刺绣中融入

欧洲是科技应用的先驱，包括刺绣在内也深受影响，近代以后的工业化进程使刺绣与科技更加紧密地良性发展，而中国刺绣在科技方面存在的弱势与主观上的冷漠态度使刺绣尤其到近代的发展观念显得不合时宜。

1.西方刺绣与科技因素的一致性

上文提到西方刺绣很早就利用印刷书籍刊物来传播，进而加速了刺绣的整体发展水平，欧洲人虽然手工刺绣的历史和水平方面比起中国不占优势，但从没错过利用科技发展刺绣的机会。

更重要的是，19世纪欧洲工业革命冲击着各类手工艺生产，此时也迅速给刺绣领域带来了机绣，无论珠绣、丝绣还是蕾丝的仿手工机器都已出现，并迅速被服装界和刺绣从业者接纳。法国知名时装设计师香奈儿20世纪初就对刺绣兴趣颇高，当时已开始大量使用机绣来完成作品，据与她合作过的设计师玛丽亚·巴甫洛夫娜（Maria Pavlovna）回忆，在她第一次与香奈儿见面时，刚进屋子，就见香奈儿正与长期合作的刺绣人讨价还价，要600法郎一件刺绣外套，玛丽亚·巴甫洛夫娜回忆道："我马上和香奈儿说我可以以低于150法郎的价格绣出一模一样的外套。"香奈儿欣然同意，只是担心她对机绣方法不熟悉。而她马上承诺香奈儿会买一台绣花机，并在巴黎开始第一个专业性试验，这就是她不久之后刺绣工坊Kitmir的第一单。的确，20世纪初，随着西方自然科学的发展，科技上有很多突破，这时的纯手绣渐为不少机绣取代，机绣、手绣、机手绣结合在不同类型、不同场合的服饰中都有所见。正如玛丽亚·巴甫洛夫娜所说，"起步并不轻松，需要现学绣花机的使用"，之后Kitmir接了很多订单，不光是香奈儿的，还有竞争对手简奴·朗万（Jeanne Lanvin，服装上喜取材罗马尼亚和斯拉夫刺绣）等人的。

2.中国刺绣与科技因素的非一致性

16世纪印刷术在中国已十分普及，这一技术进步却与刺绣在之后的几个世纪里没产生任何关系，从第一本出版物《绣谱》算起，中国刺绣图书的出现足足晚了欧洲200年。

众所周知，中国的手绣技艺十分精湛，但从20世纪开始，由于缺乏创新、艺人老龄化等问题，整体发展有些停滞不前。随着社会节奏加快，科技因素大量涌入国内，国外的机绣也由此传入中国。起初行业内对机绣的态度是排斥的，之后迫于社会生产加速的节奏不得不接受机绣时，也只是把它作为模仿手绣的次选而已，没有真正投入大量精力积极开发机绣的特殊艺术效果。可以看出中国从本质态度上，是一直几近隔绝地对待刺绣艺术和先进科技之间的关系。

但是，各行业包括刺绣领域与科技的结合这是一个必然趋势，欧洲应时发现此趋势并始终走在浪潮前端，积极面对科技因素，开发它在刺绣中的可能性，效果显著，中国则更多地显出它的迟钝和劣势。

（四）审美发展趋势的不同

1.中国极尽精细

中国刺绣起源初期的锁绣还流露出一点奔放的大气感，到后来锁绣绣法已不占主流，从这点便可知仅有的这点"粗犷"的审美和工艺特点也被细腻替代。

锁绣是中国刺绣产生之初的主要绣法之一，并在春秋战国时期发展出多排并列锁绣纹组成更复杂的纹样来刻画动物和花卉纹等，造型和排列极有精美中不乏大气的时代特色。著名的湖北江陵马山一号楚墓出土的大量织绣实物的考古和艺术价值极高，其中有些动物图案的刺绣上为表现块面和色彩效果，把锁绣进行3排、5排条纹并列，最多甚至达21排锁绣链并列，多排锁绣的大线条感十分突出。然而，发展至唐代，锁绣的地位逐渐被排线更讲究细腻晕染的抢针、套针、虚实针所取代，因为此时的审美趋势更倾向于色彩微妙的晕染，这让刺绣出来的各式图案更生动逼真。经历了宋、元、明、清几个朝代，绣法仍有含蓄创新，但都是往精细耗时上越走越远，丝履也劈得更细，服饰中出现洒线绣和双面绣，追求细腻含蓄的小变化，比如先洒线绣，即用五彩线平铺于孔均匀的素罗纱地上，并加格子界衲，相当于给本身上等面料又铺个底，其上再用其他绣法绣出各种具体生动的图案，比先前从锁绣发展而来的多种针法都要耗时，大批江南和其他地区刺绣艺人花费大量工时专注于诸如此类的精工细作，以满足宫廷和王公贵族各场合服饰要求。

2.西方创新突破

在西方，虽然东方刺绣一直是贵族们青睐的对象，但当进入这片欧洲土地时，品种却渐渐多样，所有常规刺绣元素和可能拿来用的元素都陆续出现在欧洲服饰刺绣作品中。

虽然比起上面提到的中国愈加细腻的典型刺绣技法，西方显得粗糙许多，但他们会扬长避短地把精力用在另一具有丰富感的发展趋势上，显眼的金银绣、丝线绣、羊毛线绣加珍珠、宝石、珊瑚、种子、金属片的结合，使他们的表达更加自由。相应地，刺绣元素的大胆，使绣底也突破中国丝绸绣底的框架，羊毛线配亚麻、棉、丝等都会产生截然不同的奇特效果。绣底和绣线同时都无限尝试着新可能，两方面一组合的效果，可能性之多更可想而知。尤其20世纪上半叶，中国随着社会的动荡，本来就需要大量财力物力支撑发展的刺绣，这时不得不维持现状，而此时的欧洲，通过长久以来培养的刺绣思维，服饰面貌异常丰富。19世纪末期意大利设计师罗莎·杰诺尼（Rosa Genoni）的服饰作品，喜用刺绣装饰，显然图案表现出的生动与刺绣材质上丰富的立体感突破不无关系（图3-11）。意大利另外一位专为社会上流、贵族和电影设计服装的设计师埃米利奥·舒伯特（Emilio Schuberth），在他20世纪50年代的作品中，运用平面和立体花瓣完美结合的刺绣，大小错落地点缀在晚礼服上，制造出较强视冲力又不失浪漫的艺术效果（图3-12）。其实20世纪以后的晚礼服中，对珠绣有特殊的好感，当时给英国皇家制作服装的Norman Hartnell工作坊正是因出色而大量地运用

图3-11　意大利设计师罗莎·杰诺尼
服装作品

图3-12　意大利设计师埃米利奥·舒
伯特服装作品

珠绣负有盛名，当然，作品中绝对不仅是单纯的珠绣。当西方刺绣者把大量经历用在怎样丰富材质绣在一件衣服上时，这中间也的确能掩盖技法上排线不够整齐精细的问题，而这正是西方人的弱项，但材质上的丰富创新和刺绣的立体感（材质突破本身也自然会增添立体感）在视觉上更为抢眼，完全可以弥补绣工技术上的不足，如果和中国后期出现的洒线绣放在一起，无论知情人如何见证洒线绣的费时耗力，毫无疑问前者更具夺人眼球的醒目效果和商业价值。

（五）应用型刺绣所占比重不同

这些比重的不同可以表现出中西方在刺绣不同类别中所投入的精力，也就直接预示了中西服饰刺绣走到如今的发展状况。

1.应用型（服饰为主）刺绣在中国的比重

中国刺绣从诞生之初就是以服饰为载体，直到唐代才正式衍生出纯观赏型刺绣，并且架上刺绣逐渐小成气候。其实早在三国时期，孙权便使赵夫人绣制了山川地势军阵图，呈现出静态刺绣的端倪。唐代由于佛教盛行，宗教题材的刺绣作品也随之增多，唐永贞元年（公元805年），自幼慧悟工巧的卢眉娘将"法华经"七卷绣于一尺绢上，刺绣造诣颇深。这类纯观赏型刺绣精工细雕，比应用型刺绣更加耗时。然而中国进入宋代以后，耗时耗力的画绣愈演愈烈，比服饰刺绣更专注于工艺的精致和物象的逼真中无法自拔，直至今天，越来越多的刺绣者投入纯观赏型刺绣中，绣线从一绺中劈出1/16甚至1/64绺，研究如何以针代笔，以线代画，把绘画笔触和晕色完全用刺绣的技法一针一针逼真地绣出来，并以一件绣作历时一年甚至数年精心完成作为行业标准，竞相展开……相比之下，服饰刺绣所投入的精力出现明显的劣势，尤其进入现代，可以说目前刺绣从业者中大部分以观赏型刺绣为主，注意力从早期的服饰刺绣完全偏移，从业者的数量逐年递减，又何谈服饰刺绣的发展与创新？

2.应用型（服饰为主）刺绣在西方的比重

西方也同样在中世纪时期便出现一些刺绣的宗教主题画，绣线比起中国要粗糙很多，精美程度自然不可比，尤其和中国宋以后的画绣相比，艺术价值差强人意。而从发展势头看，画绣在西方如果和服饰刺绣比较，基本被完全掩盖了光芒，至今依然如此，现代的刺绣手工作坊和刺绣从业者绝大部分仍集中于服饰（高级定制与表演服饰居多）刺绣领域大做文章，仅从比重上便可见其绝对的优势。

在西方投入大量精力于服饰刺绣和日用品刺绣开发时，中国却只是保持着固有的服饰刺绣技法，刺绣从业者大批涌入更耗时的纯观赏型刺绣中，精致之余能突破不足，技术性远大于艺术性。像西方大量精力投入服饰中并继续饶有兴趣地开发刺绣可能性一样，或许把刺绣放在应用型的服饰中，才更能激发刺绣创新，毕竟服饰是随环境时代日新月异变化着的，此点特性便会自然带动刺绣艺术性探索，不要忘记刺绣的起源正是得益于古老年代里服装迫切向前发展的强烈需求。

（六）中国服饰刺绣保留着多样化发展的绝对优势

中西方刺绣随着时间的推移在各自土地上发展变化着，一个时间段有一个时间段的刺绣特征，但同一时间段中如果想概括中国或者西方的特征，会发现原来后者似乎更容易些。

1.西方的同一化

平坦的欧洲大陆上，加上传播媒介等因素的发达，从文艺复兴开始，服装流行的传播速度很快，夸张地说刺绣生产中心的新式样，会在很短的一段时间内毫无死角地覆盖整个大陆，虽然欧洲大陆不同于中国，常年由多个国家分别政权统治，但这种格局似乎并没阻碍刺绣在欧洲大陆的整体传播与发展步调的一致性。比如一战结束后大肆刮起的俄风和稍后一股埃及热，都以很强的传播力在欧洲大面积产生过反应。到如今，在东欧一些地区也存在当地农民所流传下来的少数民族服饰和刺绣，但民族间的差异性很小，且基本可以用粗绣线的十字绣、平针绣等几种简单的刺绣形式概括大貌。

2.中国的多样化

中国自古特殊的自然地貌，山区、平原、沙漠、湿地，各种地形覆盖在中国广阔的大地上，促使各个地区共同发展的同时，又存在根深蒂固的差异性。复杂的地理环境和传播媒介、科技手段的少量介入，间接形成了各不相同的人文风俗语言，服饰和刺绣面貌上也自然有所区别。四大名绣——苏、粤、蜀、湘就是刺绣发展过程中，由于地区不同，逐渐形成了在针法、色彩、题材等方面的不同优势；除此之外偏远地区的少数民族，自古显现出的特点较之各朝代中原服饰刺绣，更为夸张、大胆、写意，非逻辑性艺术之美比比皆是……以西南地区的苗族为例，喜用刺绣装饰服装，图纹用色极为大胆粗犷，和闻名遐迩的四大名绣又有很大差别，苗绣中有关龙的刺绣图案在服饰中也并不少见，不同的是想法更天马行空，把龙和多种不相干物种相结合，有人首蛇身龙、鸟龙、牛龙、鱼龙等，对鸟类的刻画同样别致，为突出动态，把翅膀绣于头部，足爪翘于背上，羽毛五彩缤纷的，更富装饰感；新疆地区自唐代以来，已有蚕桑，能独立织绣，由于在"丝绸之路"上有利的中间位置，花纹图案既受内陆影响，又有部分来自波斯等地的痕迹，并且千余年来始终保持着一定生产力，以供应西北地区的需求，如今看来也是独有风貌，别有特色。地区的复杂性和传播方式的单一性，使得中国服饰刺绣比西方更明显的复杂多样，且每一种刺绣面貌背后都含有当地深厚的文化积淀，此乃目前能看到的发展中国刺绣的显著优势之一。

分析中西服饰刺绣发展，其实是回到历史的源头，从根本上梳理和对比中西发展脉络，清醒地自我认知，剖析服饰刺绣发展形态的真正原因。梳理和对比之后会清晰地发现，原来今天的一切在每个历史发展细节中其实早已埋下伏笔，可通过与西方的比较审视出中国服饰刺绣的优势与不足之处。

第四章

中西服饰刺绣的视触要素及对比

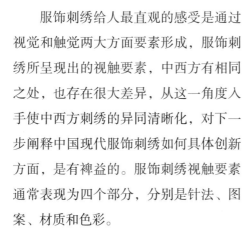

　　服饰刺绣给人最直观的感受是通过视觉和触觉两大方面要素形成，服饰刺绣所呈现出的视触要素，中西方有相同之处，也存在很大差异，从这一角度入手使中西方刺绣的异同清晰化，对下一步阐释中国现代服饰刺绣如何具体创新方面，是有裨益的。服饰刺绣视触要素通常表现为四个部分，分别是针法、图案、材质和色彩。

第一节　刺绣针法及对比

单独看刺绣针法，虽然属于技术层面，但其实针法的运用会直接对审美产生影响。针法在整个刺绣组成结构中比较重要，同样的图案，采用不同的针法，呈现的效果截然不同。比如同一个图案，用粗犷原始的锁绣和抢针、套针之类考验排线的针法，图案会呈现粗犷或精细的刺绣样貌，甚至很难辨识出同一图案。这也是很多刺绣出版物都把笔墨用在针法介绍开发上的原因之一。因此，从中国和西方刺绣的惯用针法出发，分析二者分别呈现的效果，可以清楚认识到它们技术和外观上的异同。

一、中西服饰刺绣常用的相同针法

中西方服饰刺绣中有很多近似的基本针法，也是整个刺绣中极为实用和常见的基础性针法，从古至今的大量服饰刺绣中出现和运用最多的有齐平针、抢针、套针、锁绣、打籽绣、平金、圈金、盘金、钉线、十字绣、铺绒绣等，很多刺绣都离不开这些基础针法，然后再与其他特殊针法或创新针法共同齐力完成一幅作品。

二、中西服饰刺绣常用的不同针法

除了中西服饰刺绣作品中广泛出现的相同针法外，还有各自喜用的不同针法，因此试图挑选二者中最具代表性的针法，剖析中西针法方面的特点，也为窥探二者整体刺绣面貌之不同提供了一个契机。

（一）中国

1.洒线绣

明代产生，由北京刺绣艺人所创。通常是以生丝织成方平组织的透空网眼筛绢❶为绣地，用绣线平铺在上面，再加以格子界衲而成。其实从刺绣技术来讲并不困难，但工艺要求特别高，密度上要求刺绣时保有极好的目力和耐心，需要耗费大量的工时才能完成。明清时期的洒线绣，非常符合宫廷对刺绣趋于细腻清雅的审美要求，在当时获得了极大发展，被大量用于皇帝和皇后朝袍和王公、大臣朝服上（图4-1），清宫廷中的桌围、椅

图4-1　洒线绣龙纹料片

披、荷包、褙裆、眼镜袋等佩件也不乏运用此绣法。洒线绣对刺绣工时和精细程度的要求是有目共睹的，但往往在明清服饰刺绣中，尤其补服上的那块补子，这种复杂的绣法却仅是铺的一层底而已，还需要在其上盖以有造型的其他刺绣图案和针法。因此随处可看到洒线绣与别的针法组合共同完成一块刺绣补子。这种耗时的针法主要是打底，加厚绣地儿的薄纱，上面有象征寓意的丰

❶　透空网眼筛绢亦称为"罗"。

富图案则采用抢针、套针、齐平针甚至盘金等针法表现。到了清代，还会锦上添花地加入珠绣，把很多细小珍珠绣于图案的重要部位，画龙点睛。由此可知在这一小块补子上刺绣所倾注的心血和精力。

2.双面绣

"双面绣"也叫"两面绣"，顾名思义，是在一块绣地儿上，施一针同时绣出正反两面图案的一种绣法。随着技艺的发展，这两个图案可以是完全相同的，也可以正反两面图案异色、异样甚至异针，即"双面三异绣"。双面绣其实在宋代已出现，发展到清代格外突出。由于它和单面绣不同，单面绣只求正面工致，反面针脚如何可以略放宽松，而"双面绣"对正反两面是一样的高要求，因此比较适用于日用品，如双面绣手帕、团扇、头巾……使用时正反两面同样工整精致，非常美观。但是，看似在服饰这种主要以单面示人的物件中并无必要使用双面绣的刺绣针法，清朝时却毫不吝啬地被用在乾隆皇帝的礼服上。由于中国传统审美对缥缈含蓄的纱制服饰情有独钟，细腻半透的黄纱制帝王服上怎能容下一点瑕疵，因此绣有吉祥龙纹的图案采用双面绣法，即使偶尔能露出服装内面也因施双面绣而显得完美无缺。

3.染绣

染绣是绣完后再染布或染绣地，染出套针效果（用染出的渐变色彩模仿一针一针绣出的渐变）的一种综合手段绣法。染绣于元朝便有，清代以后也有此流风（图4-2）。总的来说，中国服饰刺绣采用的针法比西方要费时很多，拘泥于精细的变化里。染绣的针法理念与以往针法有所跳出，是中国刺绣针法中较为省工的一种绣法，省去很多习惯性专注细碎方面的工时，同时又保证整体大效果的出色。此针法仍然有一点让其东方归属感十分鲜明——色彩

图 4-2 染绣作品展示 《刺绣针法百种简史与示范》 粘碧华著 雄狮图书 2003 年

含蓄晕染的渐变效果，可谓是围绕中国服饰刺绣美学原则
又有所改良的针法，尤其在生产节奏加速的今天，是流传
的针法中较合时宜的刺绣针法之一。

（二）西方

1.丝绒上的立体绣

丝绒和刺绣是深受西方贵族们喜爱的两样东西，将两
个结合在一起却需要勇气，因为绣线无论粗细都很容易
藏在丝绒的面料根部浮现不出来，或不能完全浮现。于是
在西方，聪明的刺绣者找来牛皮纸垫衬在丝绒上想要刺绣
的部位，针法不用太大改变，只是中间插入个小环节，便
可以使所有绣线清晰地浮于最上层，解决了象征高贵的丝
绒和刺绣同时兼得的问题。无论是牛皮纸还是更坚硬立体
的其他填充物，往往会不经意地产生较立体的刺绣效果
（图 4-3 ）。

2.夹绳的绗缝（Corded quilting）

选择一根适当粗细的绳子夹在两层面料中间，表层面
料选择织得松而容易变形的面料，用针在绳子的两边平行
走线来凸显绳子的鼓起，显现出绳子被精心设计的走势而
产生造型纹样，这一特殊方法同样可以归类在服饰刺绣针
法中。它的确巧妙且省力，也让人不得不赞叹西方偏好立

图 4-3 欧洲丝绒立体绣男装 来
源：*Fashioning Fashion：European
Dress in Detail，1700－1915*

体感的思维在刺绣针法方面的绝妙体现（图4-4）。

以上所列举的中西不同刺绣针法，并没有能把所有差异的针法都包罗在内，只是代表性的选取，尤其随着时代的变迁，特殊针法越来越多，难免有总结不到之处。这部分的目的并不是单纯总结针法，而是想把最具代表性的中西刺绣特点展示出来，以便分析二者自古以来自然产生的审美本质。

三、针法对比总结

（一）中国服饰刺绣针法追求平滑细腻，西方突出立体感与大效果

丁佩曾在其著作《绣谱》中的"程工"篇提出了"刺绣之道——齐、光、直、匀、薄、顺、密"[1]，看上去中国"刺绣之道"的概括似乎多是针法方面的特征，对刺绣针法的具体技术要求正是为了追求中国刺绣美学的圆满；在西方，2000多年的刺绣史中，如果细数针法，可能并不逊于中国这个古老的刺绣大国，尤其现在还没停止过的创新针法，但没有能像中国的丁佩所概况的"刺绣之道"那样，以一句话能总结出西方刺绣针法当中永恒不变的技法宗旨，只有上升到审美层面，把所有活跃在"变"之中的针法抽象化后，它的特性才略清晰——立体化，针法越来越追求立体化的同时，已经逾越了过多疑虑细节的牵绊。

1.中国刺绣针法追求平面感，西方具有鲜明的立体化特征

回顾从虞舜开始的刺绣针法，中国刺绣可以说是在平

图4-4　夹绳绣胸衣前片　1740-
1750年　来源：*Fashioning Fashion:
European Dress in Detail,1700－1915*

---

[1]　徐勤.丁佩《绣谱》价值判断[J].创意设计源，2014（6）：
46-51.

面化的审美下日新月异。如果说西汉之前的锁绣还有些奔放的原始质感，这是由锁绣针法中"辫子"厚度和粗糙感营造的，那么唐代之后的抢针、套针、虚实针等已经让审美发生了更多变化——在更平面化中寻求美感，但那时还有绣线略粗的盘金、平金能显现唐代的大气。明清之后，审美的平面倾向使针法向极薄密发展，所有材质的绣线都会劈成更细之后才施针。明清的刺绣一直根深蒂固地影响着今天的刺绣观念，可谓把整个中国刺绣追求平面化的特质贯穿至今。其实仔细想来，中国古典审美中各领域似乎都透露着平面美，服装的平面化从设计到裁剪与西方服饰的立体感大相径庭，但并不逊色，其特色鲜明，服饰上等的面料、精巧的工艺和重装饰感与平面裁剪共同演绎出中国特有的美。因此，刺绣方面的平与薄或许是针法设计中永远摆脱不了的审美情结，那么和服饰平裁一样，平的针法就必须融入更精彩的丝滑质感的细腻针法来取胜。

如果以上面中国审美思路推理，西方刺绣中经常流露出来的立体感也不无道理。西方人热情奔放，在雕塑、绘画、服装、建筑等方面共同表现出对事物真实感和浓烈起伏感更加偏爱。这似乎是内心性格的物化，尤其西方立体裁剪的服饰美誉世界，在注重立体造型的服饰中，刺绣针法的立体性又让服饰中的一切事物变得更加和谐。比如提到的"夹绳子的绗缝"，可以想象一下单纯的绗缝工艺在欧洲宫廷庞大而蓬松的裙子上，会把这种强调起伏的审美突显，但似乎他们对局部的立体感程度还并不满意，因此刺绣中完善出"夹绳子的绗缝"，足见他们对于开发立体性的"野心"。其实说到底，立体化追求是根深蒂固的审美趋向所致，然而刺绣针法的立体化趋向直观而看确实比追求含蓄的平面韵味更加抢眼，是一类讨巧的刺绣针法，立体感本身带来的视觉冲突会自然弱化大家对针法工艺的苛刻要求，或许这也是西方人能腾出时间，更热衷于走在针法突破性创造这条路上的原因之一。

2.中国刺绣针法绣线较细，排线的线迹间紧密，西方刺绣绣线多样，排线疏密度要求低

纵览中国刺绣目前出现的所有针法，都是在细的绣线这一必要前提下完成的，这和薄平的审美其实不无关系，似乎在历史上每次往薄平的审美更迈一步，都伴着绣线的更加纤细。锁绣盛行之时，绣线还没有特殊要求，到明清追求刺绣随服装面料灵活浮动的极薄平效果时，绣线被劈得细如烟缕，线与线之间的排列随之技术要求更高。因为用极细的绣线在刺绣中不露绣地，自然对针法技术要求标准更高，紧密又要根根铺开，用这种方式把丝滑光泽的质感表现到极致，洒线绣其实就是这一标准的衍生物，也确实达到了在面料地儿上难辨绣织的浑然天成效果。

而从中国丝绸之路上影响到的西方刺绣，针法虽有很多相似部分，绣线却没有被局限影响，跟随中国的极细趋势发展，相反绣线为丰富的羊毛线、金银铜线、丝带……以这些绣线来施针，自然针法上会有相应的变化，线迹与线迹之间疏密度要求会降低，因为绣线自身如果粗会掩盖很多工艺上的瑕疵。仔细想来，正是立体感的审美让他们在迷恋和效仿中国刺绣时，理智地有所取舍，他们的确选择了一条适合自己的路，如果一味地与中国古人拼刺绣手艺，用极细的绣线，细腻的施针运针，那西方各种类型的高级服饰不再会因刺绣而锦上添花，所以可以看到目前西方的所有针法和所出效果中，已经排除了必须靠细腻绣线途径才能博得惊艳效果的了。

3.中国针法的发展以保证光泽感为必要因素，西方这点不计入必考虑范围

中国的刺绣从历史起源到几千年的发展史中，即便遇

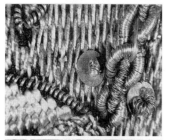

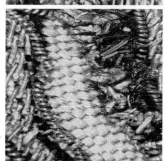

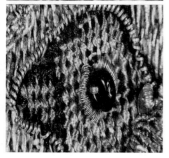

图4-5 欧洲刺绣手包 13cm×13cm
17世纪早期 大都会艺术博物馆官网

到如今更开放的世界视角，也没能拆散刺绣与桑丝结下的情缘。中国新石器时代桑和丝的发展是刺绣能够产生的重要前提，出现之后，中国服饰刺绣似乎可以放下桑丝，被别的绣线替代，独立开发新的可能，然而它们仍然紧密联系在一起，共同出现于历史各朝各代的服饰佳作中，这就是中国人对丝的情节，特别割舍不下这具有天然蛋白光泽的丝在各种刺绣针法下所产生的透亮光柔又含蓄内敛的美感，正因这是符合中国审美的，所以服饰刺绣的针法在不断发展丰富中并没放弃丝所带来的光泽感，反而围绕着怎样突显这迷人的光泽而设计针法，从这一角度延伸，中国刺绣针法的发展是有规律可循的。到明清时期，针法在丰富，线也被劈得更细，其实这所有的行为动机都有对光泽感的特殊倾爱。即使是珠绣，在几个世纪中唯独宠爱珍珠，而没有做其他尝试，原因之一莫过于珍珠的天然泛光感与丝所泛蛋白光泽的质感精妙得浑然天成。

西方刺绣审美观中，除了立体和丰富是服饰刺绣"座右铭"外，没有像中国一样隐约藏着针法光泽感上的某种发展规律，即使一些针法的起伏中力图强调光泽感，那也是较之丝的蛋白光泽更直接强烈的金属光泽（图4-5）。

4.中国服饰刺绣注重针法与色彩共同实现渐变感，西方趋于大色块

无论中国还是西方服饰刺绣，其在美学方面一直不断受其他艺术领域的影响，在刺绣效果中经常能找到中国的水墨画或欧洲油画的影子，各艺术门类之间的审美趋势是一致的。中国水墨画含蓄渐变的晕染，与服饰刺绣中针法与色彩结合出的渐变感都是中国人柔和性情的写照。为此，逐渐形成了"抢针""滚针""套针""虚实针""乱针绣"等针法，配合染了上百种色彩的绣线，同类色或近似色的绣线与灵活的长短针法结合在一起产生细腻润泽的渐

变，无论是写实或写意的花鸟、动物、人物情境，渐变的
针法在丝滑的绣线下，会让服饰中的刺绣图案更加逼真又
不失柔美含蓄。

西方服饰刺绣与油画所呈现出的效果可谓异曲同工，
其针法硬朗和直率，呈现效果有立体起伏感。在西方服饰
刺绣中，无论什么造型图案，很少能发现用针法和色彩营
造渐变过渡的，虚的轮廓线不多，无论什么针法，都会以
直接产生实的边缘为最终效果（图4-6）。

图4-6　欧洲男士马甲上的刺绣　18世纪晚期　来源: *Fashioning Fashion: European Dress in Detail, 1700 −1915*

5.中国服饰刺绣中一组针法组合近于和谐，西方的针法组合时有冲突感

单独谈每种针法时，中西方服饰刺绣会有很多差异，
而往往在一件刺绣当中不会仅用简单的一种针法表现，更
多是设计出几种不同针法的搭配组合，在一组针法组合当
中也无不透露着东西方差异。

设计时基础的针法是固定的，但针法组合样貌无限，
每次都是全新的搭配，每当面对一副服饰刺绣新作时，整

体服饰的风格式样、面料质感、刺绣图案都影响着选用什么针法和不同部位的针法组合。就以立体绣针法为例，其实中国统一在平薄顺的针法荟萃中也不乏个别立体绣的针法，在不破坏基本审美原则下给刺绣面貌增添一点变化和调剂，最为典型的就是粤绣中有由清中期发展而来一款著名的立体钉金绣，由于形象更突出，常可做远距离观赏的戏衣、舞台陈列刺绣。首先用较粗的棉线或棉花作垫底，垫到理想高度时用丝线满铺绣制，为的是有一个匀滑、整齐的立体底，随后在上面用光滑的金银丝线平铺施绣。这种垫高的立体绣不仅要在其上直针平绣，其周围其他部位针法也都不自觉的会选取舒缓含蓄的针法与之组合，整个刺绣形象虽已有突起的立体感，但没有突兀与不和谐因素，可谓"立体中见平顺"。相反，西方人对待立体针法可谓毫无节制，两种甚至多种不相干的立体针法组合在服装某一小区域内，甚至越有矛盾感越增添审美价值。的确，以立体裁剪为主的西方服饰中，这种并不和谐但非常多见的刺绣针法组合，非但不会被极具雕塑感的服饰吞没，反而让观赏者的注意力找到了最终落脚点。

6.中国针法追求无瑕感，重近距离观赏，西方较多的立体针法和碰撞式组合更重大效果

中国刺绣针法的美学中离不开"精致"二字，细微的变化在要求极高的刺绣技法下实现，近距离观赏近乎工艺品的水准，穿于身上才会称心如意。西方服饰刺绣中所追求的震撼感有些也不得不说有近乎工艺品的迷人魅力，但和完全靠细细的五彩丝线或金银线，耗费无数的工时和精湛的刺绣技艺绣制的中国刺绣服饰相比，西方则贵在以丰富的刺绣变化来夺人眼球。如果说中国服饰刺绣针法是在近距离观赏下取胜，值得细细品味，那西方无疑在大效果上占有更抓眼的突出优势。

（二）中国针法透露出安闲自得的超然境界，西方则为立竿见影的实用态度

中国进入20世纪之前的几千年文化中，这片大地上深深孕育着一种中国人典型的哲学观——超然物外，更追求意境美。正如有人质疑为什么中国古人很早就对宇宙星相学深有造诣，却只是向人文哲学方面走得深远而没有用这套宝贵法则向科学方面发展。从中国服饰刺绣的针法中，那不计成本和代价地追求细腻雅致美感和意境，足以说明这套非现实的哲学观念。在西方人的思维中，以这样的超然境界来设计和探索针法是不太可能的，他们有着更为实际的科学观与价值观，尤其工业革命后，这一观念的确让他们的服饰刺绣更占上风。

1.中国针法追求细腻无瑕永远在经济考量之先，西方综合了效果与成本的双重考量

上面提到的中西方针法，一个更注重近距离的刺绣效果，一个则是大效果的整体把握。从这一点上，也实在是隐藏着修身养性、悠然自得的神仙态度和痴迷于艺术的商人头脑。很显然，注重意境的超脱之人做事永远不会考虑"成本"二字，中国古人无论哪个阶层，其实都是在这样的观念影响下发展刺绣，创造针法，至于物质成本、复杂工艺带来的人工成本、时间成本，在要表达的刺绣效果面前，似乎都可以超然对待。前面提到中国的刺绣针法有选取绣线较细的特点，但绣线细是明显需要相应付出时间和技法代价的，从各朝代服饰中，很显然他们毫不犹豫选择了效果至上。西方人热爱艺术，但同时也具有理智的商人头脑，再加上他们或许自知以精湛的工艺是天然无优势的，所以时间、精力、物质成本和最终刺绣效果的"性价比"一直存在于针法创造中。从18世纪为路易十五做宫廷刺绣的法国宫廷刺绣大师查尔斯·日尔曼·维·圣欧班

的思考中可以看出，很显然，当西方的刺绣师们使用贵重的金属亮片刺绣时，需要明智地平衡肉眼的观感和使用昂贵材料的数量。

中国服饰刺绣在这方面体现出的超然无竞争意识，是一种自信，也有对本民族审美的坚持，然而在突然进入物质急速发展的世界大节奏中时，它所带来的弊端开始渐渐大于优势。

2.中国针法具有寓意性，西方思维的现实性使寓意淡化

以中国的珠绣为例，由于珍珠出自海底，中国古人便认为珍珠能防御火灾，还在很多文献中出现过"辟寒珠""辟尘珠""记事珠""夜光珠"等字样。可推测珍珠很早便作为各种物件上的装饰，与其美好的寓意不无关系。中国在丝线绣的大背景下突然开创出珠绣针法，应该是始于对珍珠美好寓意的笃信。隋唐时期便已见珍珠绣，《杜阳杂编》中有对珠绣被面的描述，用米粒大小珍珠绣成有寓意的图案。清乾隆的一件龙袍竟用11万颗珍珠和珊瑚绣出云龙海水。珠绣从唐代算起确已有很久远的发展历史，但之后经历了多个朝代更替还仍唯独表现出对珍珠的偏爱，一直专情至清末，这与其美好的寓意是分不开的。

换作持有科学观的西方人，一定不会单单因某事物虚无缥缈的寓意而在刺绣中执着使用某一针法1000多年，保持初始面貌不被丝毫替代或冲击。美观、新意、实效才是他们开发服饰刺绣针法必要考虑的因素。

其实在中国所有出现过的服饰刺绣针法中，其实也不乏一些立体绣法，如上面提到过的粤绣中的钉金绣，还有堆绫绣、摘绫绣、包梗绣等，但总的来说是控制在一种和谐、含蓄而纯化的审美中增加丰富感的，这点与西方针法中五彩缤纷的奔放立体绣有很大差异。

第二节　刺绣图案及对比

在服饰设计中，图案是一以贯之的重要表达元素，而单独看刺绣领域，图案也是四大构成要素之一。所以在服饰刺绣中，无论中国还是西方，刺绣的图案和题材内容始终是一个核心元素，让设计者、刺绣技术人员投入大量精力。

谈到图案题材中西对比，由于各自在几千年的发展史中出现了大量可供现代人仔细琢磨的服饰刺绣及其上各式样的题材图案，一时让人眼花缭乱，无从下手进行对比，因此先把中国和西方服饰刺绣图案分别看待，通过大量实例进行分类、归纳、总结，从而发现各自规律，在最后得到的中西规律中再做对比。

一、中国服饰刺绣图案

（一）图案内容

在中国这个拥有4000年服饰刺绣史的大国中，仅从如今能观赏到的刺绣实物、绘制的图样和间接的文字绘画记载，便足见服饰中那绚丽多姿、千差万别的刺绣图案，内容之丰富，让人应接不暇，沉醉其中。其实，这是有规律可循的，而且刺绣图案内容永远不会脱离它产生之时的时代艺术宗旨，与同时期其他艺术门类甚至思想领域都有着心领神会的相通。

总体来说，服饰刺绣的图案和题材都围绕着自然，即使有了人类社会，逐渐开始更加关注人文，中国古人也是相当重视人与自然界的关系，所以会在刺绣中时不时表达人与自然的和谐主题。终归刺绣图案主题离不开自然界，如同陶艺、绘画、音乐、雕刻、建筑中所展现的内容一样，丰富多彩却几乎都围绕着大自然这一中心，复杂中透露着和谐专注。

1.天上纹样（云纹）

刺绣自起源就饱含古人对自然的态度，用线迹来模仿天然物象，所谓"天上取样人间织"，日、月、星辰、云纹无不包括其中。由于从原始社会开始，进入奴隶社会，再到中国历史结构中最主要的封建社会，天地气象与百姓乃至整个统治阶层的生存生产都息息相关，也难怪中国是最早在天文学方面有所建树的国家，这与古人对天上自然的生存依赖，还有稍后演变来对上天精神层次的敬畏崇拜不无关系。因此，从最早期这片土地上出现艺术和审美开始，对天的膜拜就是古人表达的主要素材之一。

日、月、星辰在最早出现的服饰纹样十二章纹样中都曾用刺绣表现过，作为奴隶社会统治者权威象征，这些天上的美妙符号逐渐由对天的崇拜成为人类高贵和吉祥的象征。最常见也是发展最持久的纹样当属云纹。

还在奴隶社会的商周时期，服饰中的刺绣图案已喜用云纹，并且是灵活运用在不同款式和不同场合的服饰中，打破了之前基本只在帝王服饰的十二章纹样中才能绣制天上图案的局限。此时的云纹多为简单流畅的曲线造型，一款玉雕人形中的着装，上衣下裳都有明显的云纹绣装饰，给服装增添不少动感和灵气。安阳小屯出土的一个残缺石刻像上，也发现绘绣的双钩云纹服饰，线条简洁，看似随意却不失美感。到了战国时期，似乎从服饰刺绣可观察到纹样的变化，多了一些设计和精致感，云纹图案仍在大量服饰中出现，通过当时的男女衣着便可印证。这时的曲裾服为了使服饰显得特别华美，更是在装饰上做文章，用绘、印、绣等方式，在服装中大面积作各式云纹，并以锦为缘。而此时的云纹，虽继承了早期以线条为主的曲线表达，但更富于变化，扭曲回旋间多了复杂的丰富感，有云的生动逼真又不失精炼概括的抽象美。

汉代以前，服饰中刺绣云纹最为多见，而且造型越来越复杂，汉开始才开发出与云纹相结合的更多刺绣题材种类。比如西汉非常流行的服饰中的"信期绣""乘云绣"和"长寿绣"，除"信期绣"是表现燕子形象外，剩下两种式样均与云纹相结合。"乘云绣"中有鸟、花、云的较抽象组合，寓意"凤鸟乘云"；"长寿绣"上面的云纹头部似如意，尾部似飘动的穗须，最典型的绣品是湖南长沙马王堆出土的一件黄色绢地服装上，当然还有在此基础上的不同变化，纹样的单元更大，云纹的尾端穗被拉得更长，使云彩的流动感在大而夸张的图案中更富魅力。此时重流动线条感的云纹多以锁绣而成，流动的线状与锁绣自带的肌理感结合，是两千多年前那个具有特殊魅力时代中的典型符号，华美精致又粗犷大气。

这之后，虽然服饰刺绣中的图案元素越来越多，云纹几乎不再单独出现于刺绣图案中，却仍可谓深受欢迎的元素之一，只是由独立"做文章"发展为多元素组合图案。在1964年苏州盘门外发掘的元末墓中，有4件刺绣衣裙残片，图案就是云龙组合，两龙中间有云纹。明清出现的补服中，为了显示地位和区分级别，补子上的刺绣图纹元素极为考究，上面除主要中央部分为花卉或鸟兽外，四周部分多作连续如意云纹和细碎花串枝点缀，这种含云纹的组合在明清时期很是常见。无论这幅画面的核心内容是什么，云纹作为吉祥寓意的符号始终是最完美的衬托，但此时的云纹造型特点与公元前有了很大不同，跟随朝代的审美趋势，云纹虽也保留了曲线流动感，但由线状完全变为面状，在具有渐变效果的针法和色彩映衬下，绣出的云纹更加饱满、稳重、安详（图4-7）。

图4-7　清代服饰中的云纹图案

2.动物纹样

中国服饰刺绣当中，处处饱含着对人间祈福的寓意，如同其他玉雕、瓷器等艺术品上看到的各种动物纹样一样，刺绣图案中的动物纹样往往有着相同或相近的造型和象征意义。其中最常见的无外乎龙、凤、蟒、虎、鹿、孔雀、仙鹤、鸳鸯、鹦鹉、蝶、蝙蝠等。

最早在服饰中出现动物刺绣纹样就是十二章服制的黻纹中龙凤、虎、鸟、龟背格框架等动物造型纹。

随后的动物纹刺绣种类越来越多，刺绣部位和造型更加灵活多变。早在楚文化中虎就是正义、勇敢、威严的象征，而鹤和鹿象征长寿，翟鸟是后妃身份的标志符号，战国时期，这些也被大量用在服饰刺绣中。湖北江陵马山一号楚墓中发掘了共计21件刺绣珍品，龙、凤、虎、鸟类，以及相互间的组合，造型都极为丰富。例如，一款鸟形纹样很有当时楚文化特色：鸟身正面示人，张两翼稍屈膝如舞姿般，头上和两翼都有流苏类精美装饰，且两翼尖端弯曲后似另一对生动的鸟头造型，并有向上延伸的装饰感花枝花穗，又似舞者手中把持的花枝道具，整个鸟形极为拟人。除此之外，墓中一件龙凤大串枝彩绣纹样衾被，上面的龙凤图案值得一提，花纹大不说，其中一对龙凤中，龙仅一足一尾，由一线相连并与凤连体，另一对则是凤仅一翎一爪，中腰一线与龙相连，凤身龙爪或颠倒亦不多见，不得不钦佩古人的描绘能力，抽象中见真实（图4-8）。

到了西汉，流行的刺绣面料中"信期绣"与"乘云绣"都有鸟类的主体，虽然近乎抽象的概括，如"信期绣"实为变形的燕子造型，因为燕子是候鸟，年年按期南迁，信期而返，故而得名。长沙马王堆汉墓中出土仅"信期绣"实物就有19件之多。

唐代开始，随着丝绸、刺绣、印染等技艺出色，图案花纹更加活泼秀美。动物和花卉都是服饰刺绣中重要主题，更逼真生动，近于写生效果，经常会在妇女衣裙中看到孔雀、鹦鹉、鸳鸯、鸾凤、绶带，还间杂蝶、蛾、蜻蜓、蜂等刺绣图案。

明清时期，动物刺绣纹样出现最多的地方就是各类等级的补子，不同造型的鸟兽根据象征的不同寓意，用于不同级别的官服补子上。以清代三品文官官服刺绣为例，补子的中心为孔雀纹样，并且孔雀周围经常饰以牡丹、云纹、水浪等，这种与其他花纹、云纹组合而成的动物主题图案，通常使补服因刺绣而兼具美感和内涵。

龙云组合刺绣图案在"云纹"部分有提及过元末墓中出土的衣裙残片，两龙与云纹交相呼应。随着朝代发展，龙纹及仅次之的凤纹、蟒纹，始终没有退出历史舞台，反之在刺绣中出现更多，造型也更神圣，由早期的抽象变得愈加具体逼真、英武神气地出现在各类统治阶级服饰中，

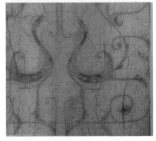

图4-8　战国对龙凤大串枝彩绣面
衾被　王亚蓉研究复原

相应的，刺绣工艺也愈加烦琐。据说宦官魏忠贤在位期间的服饰图纹华丽，不乏蟒服刺绣中的精品，刘若愚在《酌中志》这样记载："自逆贤擅政，改蟒贴里，膝襕之下又加一襕，名曰三襕贴里。最贵近者方蒙钦赏服之。又有双袖襕蟒衣，凡左右袖上里外有蟒二条。自正旦灯景以至冬至阳生、万寿圣节，各有应景蟒纻；自清明秋千与九月重阳菊花，俱有应景蟒纱。逆贤又创造满身金虎、金兔之纱，及满身金葫芦、灯笼、金寿字、喜字纻，或贴里每褶有朝天小蟒者。然圆领亦有金寿字、喜字，遇圣寿及千秋或国喜，或印公等生日，搬移则穿之。"❶

3.花草纹样

花草纹样自古无论日常装还是表演服饰，都是出现最多的刺绣图案。但在刺绣发展早期，花草并不多见，尤其汉代之前，还是以云纹和动物为主要服饰刺绣题材。

自汉代以后，中国的服饰锦绣中多了"郁金半见"的温文尔雅，虽仍不占主流，但已有成串铃兰或郁金花朵点缀在当时刺绣图案中。尤其从东汉开始，随着整体图案风格与西汉出现很大不同，纹样由繁渐简，而简化的图案中，植物纹见多，在新疆民丰县北大沙漠尼雅遗址墓中出土的东汉袜带上，可见很多简化后的花草纹刺绣。

花草纹样在服饰中得到最大开发是在唐代，宝相花、小簇花草、缠枝、交枝、独窠、团窠多见，也会综合使用，变化丰富，活泼秀丽。在服饰刺绣中花卉主题的出现，和从魏晋南北朝开始受佛教影响不无关系，植物花卉题材的纹饰从那时起逐渐渗透到陶瓷、建筑、器皿、刺绣等多个艺术领域，也被赋予了很多传统吉祥寓意。

---

❶ 宋厚华.中国戏剧服饰研究[M].广州：广东高等教育出版社，2011：42.

宋代之后，服饰中的花草纹样更加生动自然，生色折枝花之类的非对称写真花草纹，在上衣旋袄的领袖及裙子等服饰中盛行。最值一提的是，出现了把四季杂花或节物图案同织或同绣于衣料上的"一年景"，服饰刺绣中花卉更加频繁地运用，桃花、杏花、荷花、菊花、梅花，皆并为一景，显现出变化丰富的效果，此时的植物花卉图案已明显取代之前动物题材占主流的地位，并影响着元代。

明清花草纹样的服饰仍随处可见，且沿袭了宋代逼真的刺绣方式，但特征从灵动简洁微妙向对称稳重转变，与鸟禽、龙凤、云纹、水纹等的结合也十分多样，图必有意，意必吉祥。尤其流行一时的"喜相逢"图案，即明清民间妇女喜在衣服某处绣绘"团花双碟闹春风"图案，后来此类图案甚至影响到宫中，到乾隆时，已经出现在皇帝的便服上。

4.人文自然题材

中国服饰刺绣中无论古今，图案上对人文自然场景的描绘比起其他纹样并不算多，但也是于春秋战国时期开始形成，并以它能产生的特殊意境感不间断地出现在各时期服装刺绣中。

早在马山一号战国楚墓出土服饰中就发现了车马田猎纹纳绣，它是一条宽约6.8厘米，绣纹长约17厘米的华贵饰带，主要用于可随时更替的缘饰衣领，共出土3~4件，"计车马一乘飞驰前行，车上御手一，挺身昂首束腰端坐驭车；前立一人为射手，正持弓控弦作待发之状；车尾彩旒飘扬，车前有狂奔之鹿和回首之兽；车前下侧，一勇士执盾转身搏猛虎，后下侧又一人持短剑或匕首与困兽格斗……其间山泽坑谷、茂林长草，均以几何图形作象征表现，使动静对比、节律与速度感分外强烈。"❶

---

❶ 沈从文.中国古代服饰研究[M].北京：商务印书馆，2011：154.

汉代除了上面提到的"信期绣""乘云绣""长寿绣"之外，很多包括服饰丝绣在内的高级手工艺品中，都包括与人文自然有关的两大图案主题：一是同上车马田猎纹纳绣一样围绕汉代统治者现实生活中的游猎描述，如勇士于野外搏猛兽、逐轻禽的生动情景；二为当时形成的神仙思想所反映的仙境，尤其服饰中的展现更加多样，富于变化。

而汉朝之后的三国两晋南北朝时期，人文图案逐渐把中心放到人物身上的刻画，在整个场景中对人物有所偏重。

宋元在历史大背景的影响下出现了具有鲜明游牧民族特征的"春水秋山"纹样，为辽和金经典的狩猎图纹。

服饰中大面积人景纹样刺绣一直发展到清代甚至民国，定陵出土的明孝靖皇后百子衣便是典型代表，民国旗袍中也时有见人景合一刺绣来表达寓意，增添面料丰富感。

5.海水纹样

这里说的海水纹样即海水、江水及其水中生物相关纹样在服饰刺绣中的运用。同样早在商周帝王十二章纹服饰中，水藻纹便已出现，如果说海水元素的刺绣纹样被最大限度地展现于服饰中，莫过于明清时期以龙袍、蟒袍为代表的宫廷服饰。经常会在蟒服的下摆处看到十分精良的刺绣，其中色彩晕染讲究的"江崖海水"纹，是中国传统纹样之一，图案最下端斜向排列的线条谓水脚，之上有小浪花，水面立一山石，并有祥云点缀，寓意福山寿海，也带有一统江山的含义。这个基本纹样还会随不同身份等级，在海水❶和用色上有所变化。

清代随着蟒服服制渐放宽松，这些刺绣图案不再限于地位等级高的人专属，尤其值得一提的是"江崖海水"纹

---

❶ 海水通常有立水和平水之分。

在戏曲服饰中的大量出现，和蟒服被用于戏曲当中代表有
身份的角色是有直接关系的，但具体图案和刺绣方式也会
随戏曲表演不断变化（图4-9）。

图4-9　郝寿臣戏装蟒袍　民国

6.字纹

大概自魏晋南北朝时期佛教进入中国开始，无论是服
饰刺绣还是架上绣，图案题材和针法方面都潜移默化地受
到佛教影响，而字纹的正式出现据推测正是从佛教"万"
字纹开始，寓意着吉祥海云，吉祥喜旋，虽似符号，但确
是佛经之字，并在武则天时正式规定为"万"字，谓吉祥
万德之所集也。

虽然服饰中字纹绣并没其他元素多见，但明清时代，
随着吉祥文化成为主流，"福""禄""寿""喜"等隶书字
纹经常出现，其独特的文字审美和一目了然的吉祥寓意与
其他元素图案结合独具一格。在之后的发展中，言慧芝先
生于1950年饰演"霸王别姬"时所穿着的一件现代戏曲
服饰中的明皇女帔，其上绣纹图案采用团鹤加"万"字纹
补地构成，并结合了绒绣、珠绣、缀片等多种刺绣技法。

以上概括的中国服饰刺绣图案的几大类常见内容，只是按历史主流服饰得以总结，但由于我国文化和服饰的多元性，少数民族服饰刺绣也不免有其特殊的情况。总之，少数民族图案比较起来则更具超现实的造型思维观念，大胆而不受逻辑束缚，把各种美好事物云集在一组刺绣画面中，如灿烂的桃花和成熟的桃子同现于枝头上，更富于别样的艺术魅力。

（二）图案呈现形式

在服饰这一特殊形态的绣地儿上，刺绣图案的大小，所采用的语汇，如何组合排列，都会对服饰整体效果产生影响。在以往值得学习的服饰佳作中，这方面是有规律可循的。

1.从线到面的刺绣纹样

早期的刺绣图案，无论是描绘曲线造型的云纹、水涡、贝壳、谷粒、藤蔓，还是直线感的山形、菱形、网形、禾束、连栅，都是用简练的线条语汇呈现。而后来随着刺绣技术水平的提高和社会进一步发展的审美需求，图案的逼真丰富使得面的表达越来越多，从针法上的锁绣往适合做渐变的各种针法发展便能看出从线到面这一风格趋向。

唐代开始，服饰当中对刺绣图案追求逼真与饱满使其正式发生由线到面的转变，各种刺绣元素都通过针法表现出极强的层次或渐变，并乐此不疲地为了更生动写实的面状图案而大量开发适用针法，面状图案的审美趋势影响了后世至今的服装刺绣面貌。

2.对称与不对称交替存在

刺绣发展早期，夏商周直到战国时期，服饰刺绣图案都是以对称相并为主要形式，最早出现的十二章服制中的大部分刺绣图纹是以较对称端庄的形式出现，并且从其中的黻纹"两己相背""两弓相背"的图案排列骨架也一目了然。马山楚墓中出土的刺绣珍品可谓是战国时期楚文化代表，图纹结构的左右对称、倒置互补在出土文物中随处可见。但战国这时在对称中避免了商、周时期花纹的过于严肃呆板。

到了西汉武帝时代，也是古代刺绣重要发展变化阶段，主要特征就是由对称图案往更加活泼流动的不对称形式发展。西汉流行的"信期绣""乘云绣""长寿绣"是典型的由对称向不对称成功过渡的代表。

服饰刺绣发展到唐代，又重新回到对称结构，团花图案此时鼎盛发展，这和初唐受波斯联珠纹影响不无关系。精心设计的单朵花卉刺绣图案在服饰中开始多见，讲究饱满典雅，外轮廓呈雪花放射形、十字形或方胜形等，极具对称端庄之美。

完全打破服饰中纹样的对称盛世，就在紧随而来的宋代。随着对自然美的青睐，以"生色折枝花"为代表的不对称形式开始流行。

直到明清时期，刺绣图案又回到追求稳定感的趋势，整体往近于对称感偏移。比如宋代较为简洁灵动的"喜相逢"图案，在明清服饰中多表现为更平稳的对称构图，虽有些局部也追求异样的灵活变化，但总体效果基于对称（图4-10）。

3.连续纹样与较独立纹样的转变

服饰刺绣虽然在起源中是以独立纹样出现的，但随着文明的进步，艺术的修饰性注入其中，发展到春秋战国时期，对刺绣纹样排列的连续感审美被清晰化了，战国时期直至汉代，服饰中刺绣图案的排列组合在线型为主流造型的大势下，纹样多是力图用接连的效果，更加强延续线型感，在曲裾裹腰的整体服饰线条中，图案边缘难辨起始，一气呵成的线型刺绣图案与服装风格十分和谐（图4-11）。

图 4-10　喜相逢刺绣图案

图 4-11　长沙马王堆 1 号西汉墓信期绣　湖南省博物馆藏

此时为了图案的连贯流畅，多用到二方连续、四方连续的排列原理，能出现千变万化的效果。虽然当时因提花技术限制，只能织出几何菱形纹面料，因而有时会选用刺绣单独纹样填充于几何形内增加丰满度，产生类似单独纹样效果，但战国到汉代整体风格还是被连贯流畅的纹样审美喜好占据主流。

此后的西汉、东汉，虽开始逐渐能看到刺绣面料中纹样与纹样间的空隙，但同时期发展而来的非对称形式图案，使视觉上弱化了纹样的独立感，并且在仍属线型范畴的图纹中，此时更多了份流动飘逸，因此整体效果仍然连续感十足。

到了开始流行圆形轮廓联珠纹的唐代，独立纹样在衣裙中越来越清晰化，无论唐代盛行的小簇花草还是更清新自然的宋代"一年景"，服饰中大面积所见的刺绣多是较独立纹样（领抹处除外），没有再如战国时期刻意地往连续型图案设计。明清时期这种独立纹样风格一直以不同方式呈现在各类服饰之中。

（三）图案艺术处理风格

1.抽象风格

不得不佩服中国古人极强的概括能力，对周遭环境的细心观察感受，以及提炼得恰到好处，是一种如今都望尘莫及的艺术造诣。而此造诣就生动鲜活地体现在抽象化风格的古代服饰刺绣上。战国时期随着刺绣的高度成熟，抽象化艺术风格充满了抒情与幻想，又不失奔放的情怀，在图案中对描绘的动物极为概括，虽整体控制在线条感审美中，但特征分明，不失细节处的精致具体，大胆而不蛮，艺术的抽象化处理达到多不可减、少不可逾的程度。马山1号战国楚墓出土的许多刺绣纹样，是在由线条的抽象美中，呈现出各种复杂而生动的动植物及其组合造型（图4-12）。

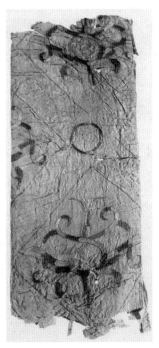

图4-12 马山战国楚墓出土的两龙一凤组合型刺绣纹样 湖北省荆州博物馆藏

西汉流行的"信期绣"中对燕子的曲线形概括也极具艺术性，抽象中发人深思，不经意间将人带入自然意境。

2.写实风格

随着时代审美的变化，并且有了抢针、套针、虚实针等针法，技术上为写实刺绣图案的惟妙惟肖铺平了道路。从唐代开始，写实的花鸟刺绣图案被在服饰中推崇，明清直到民国，这种色彩渐变的写实纹样随着绣线被劈得更细后，更加赏心悦目，达到一种纯美的中国意境，色彩的润泽真切地模仿自然万物，在愈来愈追求精致的服饰中，写实感的刺绣图案如此得贴切提神。

二、西方服饰刺绣图案

（一）图案内容

从前面分析的服饰刺绣起源与发展来看，可以说，最早的西方服饰刺绣是舶来品，尤其中国的丝绣对其影响深远，再加上十几个世纪以来欧洲大陆对神秘东方的情有独钟，因此刺绣图案上难免会有与中国相似之处，但自进入欧洲大陆，有着强烈探索心的西方人就没停止过对刺绣进行本土化，图案也颇为明显。

1.人文自然题材

自拜占庭时期设立了自己的丝绣加工作坊，并发展到一定规模时，很多关于本土的文化特征便自然进入富有装饰感的丝或绣上，进而装扮服饰。人文情景的图案在欧洲刺绣图案发展早期非常多见，尤其是拜占庭和中世纪时期，渗透着浓郁的神话和宗教氛围，极具时代人文特征。在刺绣发展中提过拜占庭帝国皇后，查世丁尼一世皇帝之妻西奥多拉（Theodora）的一件紫色斗篷的边缘，刺绣的是三位持圣礼的智者图案。公元690年，拜占庭自己设计和生产丝绸面料，残片中描绘了一个男人与一只野兽的搏斗场面，虽然只是当地生产的丝绸面料，并非刺绣作品，但丝绣自古不分家，在图案题材和审美喜好上总有步调一致的参考性。中世纪，那份神秘感更被宗教的深沉所充盈，用刺绣表达宗教题材的自然更多，在神职人员的仪式法衣中尤其明显。

虽然中世纪之后，迎来了欧洲服饰的百花齐放，刺绣图案也各有新意，但人物自然情境的图案在服饰中还偶尔会出现，例如，法国18世纪的男士马甲中就曾描绘有田园景象，男女不同姿态在左右对称位置上与家禽、田园风景浪漫相融，使马甲的洛可可风情更加浓厚。

2.花草纹样

花草纹样与服装刺绣的组合搭配似乎有如天成，在很多国家和区域都极受欢迎，西方服饰中花草纹样刺绣有出口以中国为代表的东方国家，也有本土产销，虽然造型风格各异，但都没脱离对花草图案的特殊喜爱。尤其从中世纪的宗教色彩阴霾走出后，欧洲宫廷奢华浪漫的审美趋向使花草图案逐渐成为不二选择，男士服装也不例外。如1740年由中国出口欧洲，为欧洲刺绣加工的一件男士长袖外衣，采用雅致而与底料同色的花草刺绣，低调中用东方风情显示奢华和财富。此时，虽大批量欧洲服装刺绣在中国加工完成，但纹样风格已随不同需求融入西方审美，如果上面这件男士外衣还不太明显的话，同样由中国加工刺绣的传统西方女裙或许更能说明此问题，由裙底边缘往上延伸的花卉和枝叶不完全是同时期清代的刺绣模样，更多了西方洛可可的曲线美感（图4-13）。

花草刺绣纹样在西方服饰中的发展每个时期都占有最大比重，就连女性袜子上，也经常少不了用纤细柔美的花草纹进行一番刺绣装饰。

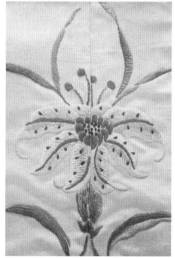

图4-13　欧洲女裙刺绣图案　1785年
来源：*Fashioning Fashion*：*European Dress in Detail*，*1700－1915*

3.动物纹样

鸟和动物题材在10世纪拜占庭时期是典型纹样，后来，单独的动物纹样刺绣，无论是大型动物还是鸟禽类，欧洲传统服饰中逐渐少见，鸟禽类的出现一般都与花卉纹结合，并不一定作为核心图案，但组合在一起，的确会增加丰富感。比如1616年英国的一件女士外衣上，各种鸟、昆虫与玫瑰、康乃馨、百合花等花卉装点着服装，异常丰富，美丽的各造型花头周边用飞禽、昆虫点缀着来吸引人们目光，试想如果没有蜻蜓、鸟儿和昆虫在花旁的点缀，也确实会单调许多（图4-14）。同时期出现的一副华丽女士手套也有异曲同工之妙，鸟与花的结合让人不禁猜想拥有这副手套的一定是位浪漫高贵的女士。

以上只是总结了最常见的传统刺绣图案种类，其实西方的各类服饰刺绣发展到今天，在其大胆的突破和求新创意中，刺绣图案内容也是丰富万千，尤其影视剧和高级时

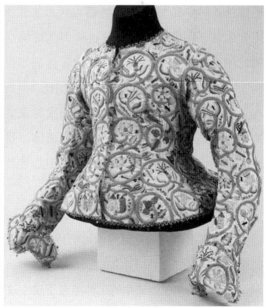

图4-14　英国刺绣装饰女士外衣及局部　1616年　大都会艺术博物馆官网

装中，为了某一主题或强烈的视觉震撼力，兽类、文字、特殊符号、抽象图形等数不胜数。

（二）图案呈现形式

1.纹样造型多以面表现

欧洲艺术中，无论雕塑、油画、建筑、器皿……都是以饱满、浑厚、曲线感的审美特征著称，刺绣造型也深受影响，服饰中自有刺绣之时起，就一直没有丢弃过用丰满的面状感图案造型来装点服饰。刺绣在欧洲几乎主要是通过两个途径向外传播——宫廷和神圣的教会，这些代表最高社会地位和权利的人当然会用最张扬鲜明的图案造型在衣中进行刺绣装饰，各种图案的饱满面状形式既能满足贵族们身份需求，又确是欧洲审美的大势所趋。

2.服饰中多保持稳定对称图案

历代传统审美中，西方服饰图案在材质、针法上大胆跳跃，但纹样始终保持一种稳定感，不会刻意追求灵动缥缈，相应地，对称的纹样在服饰中更容易达到他们想要的效果。如19世纪一件意大利男装外衣和马甲，采用金属绣，不管设计的橡叶纹样多么饱满活泼，加上金属丝的立体感，图案左右平稳的对称仍然保持得十分鲜明（图4-15）。也确实，与非对称相比，对称似乎给视觉起到加法强调的作用，增强整个图案的视觉力度，在服饰中会更显眼。就连各区域性民族服饰，也深受长久以来历史服饰发展影响，对称的刺绣图案使整体服装视觉稳定感十足。

当然，随着现代很多创意感刺绣思维的活跃，传统和规律被一次次地挑战，已经不可能用传统审美中的对称图案来全然概括整个西方服饰刺绣面貌了。

3.连续纹样在服饰中的延伸感多于独立纹样

审美上的不同，造就了西方的刺绣在服饰中图案排

图4-15 意大利金属绣男装 1810年
来源：*Fashioning Fashion：European Dress in Detail，1700－1915*

图4-16 18世纪欧洲刺绣女裙 来源：*Fashioning Fashion*: *European Dress in Detail*, 1700 – 1915

列更倾向于舒展鲜明，仿佛他们奔放张扬的性格一样在服装中蔓延开来。从以上谈论图案纹样的例图中可以很明显地发现这一特征，不过看似连续的纹样在服装中或均匀或渐变地铺开，其实不一定完全规矩在二方和四方连续排列法则中。以一款18世纪女式服装为例，刺绣图案在服装前片由上至下延伸，虽整体图案看似左右对称，具体到细节图案，却并不完全一样，使之更富于变化（图4-16）。由于西方装饰传统服饰主要集中于袖缘、前身和裙下摆处，所以这种布局的图案在传统服饰中较常见。当然也不乏较独立的单位纹样布满服饰，如以每个单位的折枝花簇图案散布衣裙上，然而由于设计的单位刺绣图案边缘较活，呈开放式，因此刺绣图案独立感也并不十分明显。

（三）图案艺术处理风格

1.写实风格

从早期开始兴起的服饰刺绣可以看出，写实的图像不在少数，人文自然情境图案中体现尤为突出。后来逐渐于服饰中对刺绣花草纹产生浓郁兴趣，种类式样得到更多样开发，但无论怎样千姿百态呈现在服饰中，还是没有完全脱离写实范畴，虽然不像中国每时期特征有种自觉的统一性，但都也还属写实范围内的或具象、或装饰感更强而已。如这顶教皇所戴的高冠，虽冠上立体刺绣装饰性图案鲜明，伴随一些线条的浮雕感，但实际具体到每个图案细节元素，无论枝脉、十字架、鸟，都仍属很具象的造型（图4-17）。

2.抽象风格

随着20世纪初西方现代艺术的蓬勃兴起，服饰发生巨大变化的同时，上面的刺绣装饰也有新的拓展，图案设计感更强，愈加发散的思路带来更多抽象化的图案。

图4-17 金绣教皇高冠 巴黎圣母院藏

如由苏格兰艺术家杰西·纽佰利（Jessie Newbery）在
1900年设计的一款手工刺绣真丝假领，欧洲对花草纹样
的喜爱不减，风格却被抽象化了，这款假领刺绣除了叶
子之外最经典的就属简练线条勾勒出的玫瑰，既不失真
实玫瑰的形象感，线条又概括简练，非常符合当时的新
审美，由于玫瑰创作者是格拉斯哥艺术学院校友麦金托
什（Charles Rennie Mackintosh），因此也经典地被称为
"格拉斯哥玫瑰"（图4-18）。如果这个假领刺绣图案只
是西方抽象化图案的开始，那在巴黎最知名的百年刺绣
作坊Lesage保存的四万份刺绣小样中，完全被抽象化的
刺绣图案比比皆是，可谓西方现代艺术在服饰刺绣中的
写照。

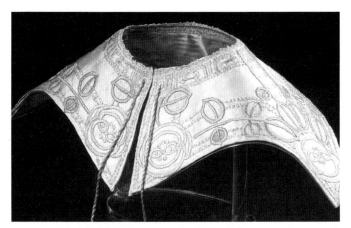

图4-18　苏格兰女艺术家杰西·纽伯利的刺绣假领作品　1900年　V&A博
物馆官网

三、图案对比总结

（一）历史上西方服饰刺绣涉及的题材少于中国，但
近代开始有相反趋势

随着中国历代王朝更迭，刺绣都会在平稳中呈现出一

些新面貌，加上本身服饰刺绣起源很早，先人们天地取样绣于身的开放理念给刺绣图案创造了许多内容，飞禽、走兽、鱼类、人间、仙境，几千年多少朝代更替，针对刺绣题材目光从不局限。西方虽然在刺绣较舒张的针法、材质衬托下视觉丰富感很强，但图案内容方面，从历史进行梳理后会发现所涉及过的大种类并不多，且对花草纹样情有独钟。

然而近代之后，一切都在不经意间发生着改变。如果说中国从清代开始是继承明代多于发展突破的话，民国以后就几乎艰难地维持着明清原貌，服饰刺绣图案只是把明清作为标本，内容无法突破。西方则在大环境的变革中迎来了刺绣思想解放，再翻开20世纪初以后的服饰刺绣作品，图案方面除了还能看到对花卉的"念念不忘"外，其余的规律却很难说出，因为内容太丰富，服装如同画纸，任由想象的刺绣在纸上展开。1937年意大利设计师艾尔莎·夏帕瑞丽（Elsa Schiaparelli）设计了一款刺绣晚礼服作品，那件满身好似抽象符号刺绣的男士晚礼服，其实是她把天文望远镜里的外太空绣到了服装上。有几年的时间她对太空元素兴趣浓厚，传统题材固然好，但不会成为她的绊脚石，最重要的前中襟用抽象的十二宫图粗金绣来画龙点睛，她的服装因为特殊的刺绣图案而充满神秘、科学、颠覆。

（二）中国服饰刺绣图案由抽象走向写实，西方由写实走向抽象

在服饰刺绣中，似乎线的形式表达有时和抽象的风格化处理是有关联性的。中国历史上从线往面的造型发展，抽象的符号化自然万物到追求极强的写真性，中国服饰刺绣图案整体上是向写实方向走；而西方的发展脉络中，面的造型形式和写实性在20世纪之前一直是其不愿舍弃的宗旨，但这之后，却是注入更多形式和风格，形成百花齐放的局面。

虽然从古至今，中西图案造型形式和风格的大趋势有些相反的走向，但单独拿中国历史早期抽象刺绣图案穿越到如今同西方现代抽象风格进行比较，非但没有因古老而意识落后，反而抽象化得更高级，更有层次和复杂性。回想战国马山一号出土的刺绣图案，其元素众多，精炼的形态概括蕴含着高超的艺术造诣，巧妙理念又使各个元素如此自然地连贯在一起，线条曲中有直，方中带柔。西方现代服饰中，刺绣的抽象化图案的确洒脱大胆，但没有中国古人的那份绝妙和深意，西方人对曲线美情有独钟，这点抽象化图案中随处可见。同样的比较，反之到写实程度，中国刺绣技法之高超，加上性格中自带的东方细腻，使中国刺绣中的写实图案效果发挥到了极致。先不论服饰刺绣中这种程度的写实有无必要，单论中国纯粹至极的写实和抽象能力，确实在与西方对比中，让人看到倍感欣慰的亮点。

（三）中国图案较西方兼顾寓意之美

中国对美的信仰自古就伴随着祥瑞之意的寄托，在随身而行的服饰中，更是无处不在地用寓意美好的刺绣图案、针法等方式寄予穿着者幸福、吉祥、显贵、长寿的祈福祝愿。因此细数古人服饰中喜用的刺绣图案，内涵深厚，似乎成为一种间接语言，在服饰中诉说着什么，有时甚至竟是一个完整的故事。无论是春秋战国的龙、凤、虎"汇聚一堂"，还是清代补服上的仙鹤、云、日、蝙蝠、江水，寓意与美感缺一不可，分量相当。

回顾西方各个时期的服饰刺绣，除了中世纪之前图案中有摆脱不掉的宗教影响外，人文主义之后的欧洲，似乎开始毫无约束地展开对美的纯粹追求。不单题材上对本身极富美感的花草纹痴迷，而且奢华、浪漫是一切服饰刺绣图案的行动核心，其实通过他们长此以来，对刺绣纹样在服装中倾向连续型排列组合而非独立纹样分布，也能体现其对奢华的无节制追求。因为比起中国历史后期兴起的略带沉静美气质的独立纹样——通过一种独立意境突显寓意性，西方喜用的连续纹样在视觉上是相当张扬的，奢华感随张扬的排列自然散发。同时，欧洲传统历代服饰中相对稳定的对称刺绣纹样或许也是出于奢华目的，对称带来的视觉强调感不光能在服饰中突出刺绣，更是对浓郁奢华感的竭力渲染。

第三节　刺绣材质及对比

服饰刺绣如今越来越与材质、肌理联系紧密，服饰中不同的针法、材质和创意理念相结合，有时会产生强烈的肌理效果，这点足以说明材质要素在服饰刺绣艺术中的重要性，即使未像现代如此重创意的传统服饰脉络中，刺绣材质也已形成鲜明的特征，无论中西，它在服饰中发挥的作用功不可没。

服饰刺绣的材质中，包括了绣线和绣地儿两部分材质的选择和搭配，因此从这两方面分别分析中西方刺绣材质特点。

一、中国服饰刺绣材质

中国服饰刺绣中，从古至今对材质的选取是有明确审美趋向的。从桑丝的诞生中孕育了刺绣，随之而来的几千年，服饰刺绣无论经历了如何变化，材质上依然与丝脱离不开关系。

（一）绣线

中国服饰刺绣的绣线，即使在如今热闹纷繁的表演领域和高定时装中，蚕丝依然是刺绣绣线的不二选择，光滑流畅的质感凸显了中国审美。

丝线是服饰刺绣中的主要材质，但弊端是长久穿着摩擦容易起毛，在传统的四大名绣中，湘绣对这一问题进行了改良，因此有了丝绒线绣制。

金银线（通常以金箔制成）也是常有的绣线，光泽仍然保持在柔和范围内，同时更闪亮夺目。

值得一提的是，起源于唐代的"发绣"（又称"墨绣"）可谓至今中国独有的一种刺绣材质——丝发。最早丝发用来刺绣是趋于对佛的虔诚，民间少女以自己缕缕秀发绣制宗教绣品视为大礼，后在画绣中逐渐兴起，服饰刺绣相较则略少出现。

除了绣线外，其他用于服饰当中的刺绣材质也不乏珍珠、珊瑚等各种闪亮珠子或珠片，由含蓄收敛的传统珍珠质感在历代服饰中独显魅力，到如今出现了更多较张扬的丰富珠子珠片材质。

由于机绣的融入，绣线自然也产生机绣绣线，当代影视剧和舞台上所采用的服饰刺绣线大多还是仿桑蚕丝和金银线的效果，同时带有机绣线的韧性（手绣丝线易断）。除此，棉线和麻绳线也在近代多被使用。

（二）绣地儿

绣线作为服饰刺绣的重要组成部分直接影响着最终效果，但也离不开与绣地儿的搭配，服饰刺绣中把需要刺绣部分的底面料看作绣地儿，这块绣地儿与刺绣质感的配合非常重要。中国服饰刺绣对丝的质地情有独钟，表现在绣地儿上更为明显，无论光滑的丝线和珍珠在绫、罗、绸、缎的服饰绣地儿上发生着怎样的变化，都没有脱离丝织的绣地儿效果。温婉秀丽柔软的绣地儿与各种保有同样质感的绣线结合，展现于中国服饰中，凸显出中国人对丝的钟爱有加和矜持有礼的优雅气质。

其实有史料可考，羊毛从商代晚期便传入中国，按时间的久远程度来看羊毛织物在国内发展是很有优势的，然而，它却始终没能在中国像古希腊和美索不达米亚地区一样成为主流面料，准确地说甚至在刺绣发展史中没有获得存在感；同样，棉类种植从印度被引进时也早于公元前1000年，事实却是我们于明末之前的各阶层服装中很少见到棉类面料，追求丝滑质感的刺绣就更不会与棉产生关系，中国历史上的审美倾向没有给这些其实早已出现的材质进入刺绣领域的可能性。

二、西方服饰刺绣材质

西方自有刺绣开始，它一直受各个地区的刺绣影响，加之本土不断创新，绣线和绣地儿的材质呈现多元化的面貌。刺绣选用的材质丰富得难以被毫无缺漏地概括，但常见材质还是较鲜明。

（一）绣线

真丝线在西方服饰刺绣中虽没有像在中国服饰刺绣中所占据的比重那样大，但也还是受到东方影响，作为绣线的主要材质之一时有出现。

由于欧洲大陆在丝绸出现之前主要以棉、麻、羊毛织物制作服装，刺绣出现后也自然会尝试将这些材质运用到绣线中，这些材质虽比桑蚕丝线粗犷，但结实易洗，与欧洲长久以来的服饰风貌也十分贴切，且从刺绣工艺角度使西方人避免追求极细密精致效果，以致从古至今，很多服饰中棉、麻、羊毛质绣线屡见不鲜。

西方服饰刺绣中金属材质也是一大特色，各种色彩和形态的金属质地被以刺绣形式附着于服饰面料上，很多刺绣书籍中刺绣从业者津津乐道地谈论针对经常出现的金属线刺绣易扭曲变形，甚至伤害面料的问题，他们是怎样通过各种刺绣技巧避免的，使带有金属材质的刺绣既着视觉冲击，又不会因穿着和行动影响服装面料寿命。从对此类问题的关注中可推断，金属材质在服饰刺绣中非常受欢迎，尤其是在发挥创新意图的刺绣中。金属材质对西方人来说是一个非常广泛的范畴，刺绣中经常看到硬币型的金属片、金属珠、各类金属线等都列属此范畴。其中细锁链刺绣效果更为突出，把本身具有线条穿梭和起伏感的锁链以类似圈金绣的绣法固定在面料上，勾出图案外形，不仅让整个刺绣看起来更加立体丰富，对刺绣的精致程度也放宽了要求，锁链本身的肌理感掩盖了很多这方面的不足。

丝带和蕾丝是如今西方服饰刺绣中频繁出现的材质类型，因为丝带有一定宽度，一根的覆盖面较之其他传统绣线更大，使刺绣变得既省时又出效果。

各种规模的珠饰，包括钻、水晶、珍珠、植物种子、亮片、玻璃珠等，在服饰刺绣中或大面积运用，或作点睛之笔，也是为服饰增加肌理效果的绝妙选择。

西方绣线面料伴随着科技开发，材质研发，从细皮条到毛圈花式线、绳绒线、绳、麻以及其他合成线，很多线的具体材质由真丝、人造丝、聚酯、尼龙还有其他的合成材料构成。总之，绣线是随着科技和艺术的发展而不停变化的。

（二）绣地儿

正如绣线对材质的大胆挑战毫无约束一样，西方服饰刺绣的面料绣地儿也是不拘泥于丝绸，没有固定的搭配，除了绸缎外，西方作为重要服饰面料的羊毛织物也经常作为绣地儿，麻质感的服饰绣地儿也不乏少数，就连细纱布这种对刺绣来说很难控制形的面料也不会被放过用作绣地儿的可能，并大胆地以细金属锁链、丝线结合做绣线装点其上。

三、材质对比总结

（一）无论绣线还是绣地儿，中国材质运用没有西方大胆

中国古典哲学中和谐、自然、与世无争的态度也深深影响了对刺绣材质的取用态度，与自然同在，排除过多的人造痕迹，独钟于桑蚕吐出的柔丝和它的衍生物。总体上看，整个服饰刺绣满眼的丝质光泽，唯有金银线和珍珠算作另外的点缀。而说到金银质感的线，虽中西刺绣中都有运用，但比起西方在刺绣上大量开发金属材质，中国的金银线还是摆脱不了那份内敛，和柔软的丝线有着微妙的呼应。中国对古人审美的传承和坚持，造成4000年的刺绣材质方面没有很大突破，可以表达出鲜明的中国美学，但长此以往也会很难跳出固有的选材模式。

西方服饰刺绣材质虽没有中国精美考究，但种类繁多，任意物质只要有强烈的视觉效果，并能用刺绣的方式附着于服饰中，都可拿来一用，这也成为西方服饰刺绣选材的唯一定律。而且在这些材质中，围绕着闪烁耀眼和立体感来选材已是不争的事实，直接奔放的审美效果与中国崇尚丝质柔和含蓄的光泽感大相径庭。

其实西方运用材质大胆的同时，能发现进行刺绣的材质都比中国擅用的丝线更粗，体块更大，工艺上就相对轻松，时间成本也自然相对乐观，非但如此，视觉效果较之

含蓄的丝线也是明显占有优势的。

（二）从绣线自身的材质组合到绣线与绣地儿彼此间组合，中国呈和谐统一感，西方更具多样碰撞美

材质方面，服饰刺绣往往呈现出多种材质的组合形式，绣线和绣地儿材质的组合，绣线中几种不同材质的搭配组合，西方都尤为明显。而中国，通过上文概述可以看出，纯粹的丝质质感在绣线中占绝大多数，最多会加以金银线和珍珠，绣地儿也是丝质为多，整体的质感非常纯一、安静、和谐，极力避免材质中有完全突兀的不和谐因素，产生不相容的激烈感。西方系列材质组合中，绣线仅一两种不同质地放在一起似乎都很难满足西方人的兴奋点，钻、水晶、金属、木制装饰、丝、棉线各种质地共同组成的刺绣形态在任意材质的服饰面料上构成复杂的服饰刺绣视觉，已不足为奇。他们也绝对不会因为服饰面料这块绣地儿的质感而限制绣线材质的突破，"不和谐"的视觉丰富感更符合他们的口味。

材质本身的大胆选用和材质非同属性间的组合，使工艺比中国服饰刺绣薄弱很多的西方，找到自己的定位，刺绣材质搭配的丰富性使西方服饰刺绣掩盖劣势的同时，放眼望去比中国刺绣更加复杂诱人，可见材质搭配所发挥的作用一样功不可没。

第四节　刺绣色彩及对比

纵观古今，中西服饰刺绣的色彩方面都呈现缤纷多彩的面貌，随着不同时期，甚至到具体的不同服饰而设计不同的刺绣色彩风格，比起针法、图案、材质三大因素中中

西鲜明的异同，在色彩中似乎中西方并无很大差异，都是会以具体到某一件衣服而对刺绣进行恰当"施色"，因此中西历史发展长河中，既会出现色彩鲜明的强烈对比感，也不乏柔和的同类或近似色系，依服饰的式样、刺绣风格、穿戴场合、不同朝代的色彩崇尚等综合考虑来给刺绣"施色"。

在刺绣色彩中，值得一提的一点惊喜之处就是中国服饰刺绣色彩的大胆运用上不逊于西方。在之前其他因素的分析中，中国服饰刺绣所表现出的节制与西方形成鲜明对比，但到了色彩环节，从强烈而复杂的对比用色中，似乎终于可以看到中国人性情中的"奔放"一面，经常在服饰的一块刺绣区域出现几种甚至十几种鲜明色相，与一丝不苟的刺绣色彩渐变特性毫不冲突。二者的结合，使刺绣色彩多了份西方单纯色块无法匹敌的复杂审美，这些不同色相产生强烈对比，同时又传达出一股柔和的统一感，中国人"奔放"时的艺术造诣竟然比西方的更显高超。

以上对服饰刺绣的针法、图案、材质、色彩这些直接影响中西刺绣外部形态的因素对比了解之后，中西方服饰刺绣所掩藏的内在性质与所呈现于样貌之中的外在性质都清晰直接地展现于人，通过对比，所得出的结论对下文中西方服饰刺绣现代创新探索是有利的依托。

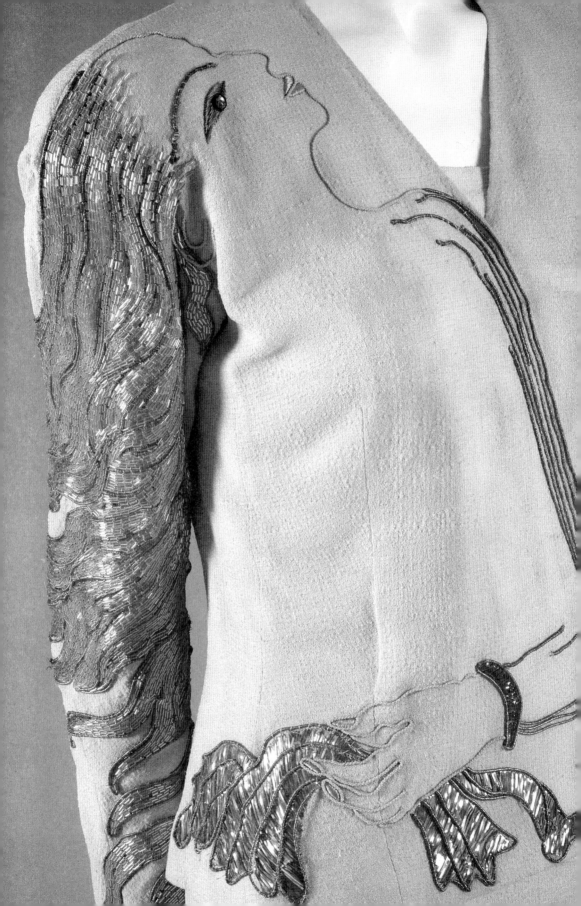

第五章

中西服饰刺绣现代创新

　　中西服饰织造、刺绣等方面从古至今都不可避免地通过各种社会活动展示、交流来使彼此产生联系。当单独审视本国服饰有所局限时，换个角度，从对方该领域进行对比分析，往往能够茅塞顿开，得到有所助益的答案。

第一节　中国服饰刺绣现代创新的重要性

梳理中西方服饰刺绣发展史时发现，一个朝代或时代的大背景对这个国家刺绣发展的影响不容小觑。比如欧洲从中世纪阴霾中走出，随着人文思想的解放，社会繁荣发展势头不减，欧洲各国以法国为中心的宫廷开始一直有重装饰的倾向，即使法国大革命期间，整个法国的刺绣和蕾丝生产中心被大批摧毁，在其他国家也依旧"幸存"，整个19世纪，一个王朝的崛起和消亡都直接影响刺绣这一技术的扩展或停滞。回头来看中国，各个朝代有属于它的服饰刺绣精彩，虽围绕着中国哲学思想的脉络没有西方的跳跃感，但在打开国门作为世界参与者之前，这一切都几乎没有太大问题，然而，之后的中国刺绣却并没有发展到此时本应让人期待的样子，反而在艰难地保持着明清原貌。19世纪末由西方艺术领域发起的"新艺术运动"，中国服饰刺绣乃至中国当时整个的艺术创作理念并没有参与其中。如果说民国时期的动荡不安不利于服饰刺绣发展，使中国刺绣带着它的旧容走到现代创新中等待给予新的面貌，那么，如今的时代可谓千载难逢。作为设计者，我们责无旁贷需要接下这20世纪初本可以开始的行动，创作概念的突破和真正的创新行动是解决当下中国服饰刺绣发展瓶颈的根本途径。

更何况，服装领域如今对面料开发都表现出极大兴趣，在高级定制服装中以香奈儿为代表的品牌每季发布会大量涌现面料再造的服饰，而刺绣成为他们用到的主要手段之一，刺绣的现代概念已不再局限于装饰服装，如第一章所提到的，已延伸至材质肌理范畴中，会有更多可能性出现。表演服饰中更是如此，国内设计者目前也早已不甘心单纯在款式上推陈出新，开发面料的肌理层次深深让他们着迷并上瘾，的确，面料商所生产的面料已不足以满足服装设计者的猎奇心理。面料的肌理和层次至关重要，尤其表演中服装由演员肢体而形成的动感加上不同灯光效果的烘托，面料肌理会为荧幕和舞台增添更丰富的视觉魅力。然而，国内面料肌理的再造成果却不如西方，略显单一，对刺绣概念的重新理解和肌理化创新，或许会很快使面料再造脱离单一，产生思路大爆发的多样化面貌。

第二节　当今中西服饰刺绣运用和创新比重

　　谈到刺绣创新，首先要看迈入20世纪以后服饰领域对刺绣的接受程度，这一点从如今服饰设计行为中刺绣出现的比重最容易获知，而现代刺绣在一个区域受欢迎的程度直接影响了它的创新。

　　由于刺绣作为几千年的服饰装饰重要语言，在历史上各个时期的中外服饰中都有大范围出现，而步入现代快节奏社会之后，随着现代人们生活观念和生活性质的改变，日常生活服装中刺绣已渐渐淡出，目前，刺绣还依然可以活跃的服饰领域莫过于表演服饰和高级定制服装。表演服饰由于它的故事情节性，会涉及古今所有的朝代和时期，设计围绕着剧本故事展开，不免对历史各朝代刺绣服饰大做文章，如沈从文所说明代演出中："乐伎只许穿浅淡颜色及暗色衣，不许用正色，以免和官服相混淆……唯演戏时才不受限制。"❶可见表演中角色服饰在任何时候都是有"特权"的，加上表演服饰的假定性和视觉夸张感，刺绣出现的可能性更多，被创意的机会更大。高级定制虽属时装范畴，但客观来说也是审美性大于日常实用性的服饰，刺绣作为可以显示华丽高贵效果的有利因素自然受到高定青睐，创意感也在高定中被大力开发。除工艺和制作周期等经济方面因素不同外，表演服饰和高定视觉上有很多相似之处，对刺绣的创新设计也不免一致。因此，相对日常生活服饰，表演服饰、高级定制与刺绣的关联程度更高。

一、当今中国服饰刺绣运用和创新比重

中国自古对表演服饰处理有较之日常服饰更夸张的概念，远在汉代，广南铜鼓舞蹈图拓片中所显示的夸张头饰，与我们如今表演服饰中用造型的夸张增强视觉冲击力的设计理念如出一辙（图5-1），后来各朝代的歌舞表演服饰中也充分证实了夸张感的存在，刺绣手段毫不吝啬地被运用，以更大比重出现在表演领域。初唐日常妇女所穿两色绫罗拼合的间道褶裙，在歌舞中会以原样基础加刺绣或泥金银绘花鸟来增添舞台效果。刺绣随历史的推演到现代，有所倾斜地在表演领域中大比例出现也就不足为奇了。当然，今天的服装领域多了一种新定义的服装类型——高级定制，从它的出现是为了和时代工业化的成衣相区分的层面理解，古代手工制作方式的"量身定制"日常服饰可能与之有着本质上的相似处，因此顺着这个方向去理解如今高级定制的精致和装饰感，刺绣所占的比重之大便可以预见了。

---

❶ 沈从文.中国古代服饰研究[M].北京：商务印书馆，2011：659.

图5-1 广南铜鼓舞蹈拓片中的舞者造型 《中国古代服饰研究》 沈从文著 商务印书馆 2011年

总之，目前中国服饰中刺绣比较活跃的存在于戏曲、舞台演出、影视剧服饰方面，以及归为时装范畴的高级定制服装中。

（一）戏曲服饰方面

中国戏曲毫无异议属于舞台表演范畴，但由于它的程式化特征，服装方面包括刺绣装饰上与其他舞台服饰有着很大区分，因此这里把中国戏曲服饰单独划分出来谈论。

进入20世纪后，刺绣在各个服饰类型中的出现都有递减趋势，唯有戏曲演出中，刺绣的出现能让人大饱眼福。继承了明清戏曲服饰的刺绣风貌，无论后来经历了怎样外来的和国内的社会动荡或是文化洗劫，仍然坚持着刺绣在戏装中的重要性。虽然刺绣随服饰程式化的信念保持着，但真正现代意义上的刺绣创新于戏曲服饰领域中则不容乐观。梅兰芳先生在中国戏曲领域的卓越贡献是有目共睹的，而戏曲服饰的改良方面他也是无可厚非的先驱人物。就拿曾经参演过的《游园惊梦》来说，谈到刚出场时的杜丽娘造型，如果直接以一件很热闹的大花斗篷示人未免有些不妥，但又不能太素净，毕竟此时的杜丽娘是位春意萌动的闺中少女，为了恰当准确刻画出人物神气和年龄，梅先生把斗篷最终做成玫瑰色，领子和四周走上适量的花边刺绣……同样梅先生《洛神》

中的角色形象也受到洛神绘画启发，把传统戏曲服装注入"披罗衣之璀璨兮……曳雾绡之轻裾"的洛神风韵。这些可能就属戏曲界民国时期比较成功的改良设计案例，也会根据人物角色的性质对服饰进行"改良"，但并不是"创新"设计方案，单独刺绣方面的现代意义突破创新就更难在实际演出中实现。当戏曲刺绣把继承明清审美样貌作为唯一标准时，随着20世纪中后期机绣的被迫加入，并没有针对机绣设计一套更符合它的创新刺绣思维，只作为单纯模仿手绣的机器，刺绣质量上比起之前的戏曲服装是可想而知的。工艺上多见机绣仿手绣，当机绣把图案基本绣制出后，为了看起来有手绣的精致又遮掩机绣带来的边缘轮廓粗糙问题，再由绣娘在图案所有轮廓边缘用手绣圈金走一圈，整个刺绣图案顿时提气。这种以刺绣传统工艺为基础而工艺方面有所变化的方法，直到今天戏曲服饰制作的各大剧装厂里，也仍作为一种主要刺绣工艺被使用着。

近年来，关于戏曲领域的创新，已经受到越来越多来自各行各业的关注，戏曲服装确实正努力寻求着突破的可能性，刺绣方面，根据角色的需要，色彩、图案和刺绣在服装中的部位和走势都见到了一些创新的痕迹。如国家大剧院版京剧《赤壁》，刺绣有现代审美下的色彩纯化和图案创新分布，使远距离的舞台效果依然能辨新意。诸如此类进行图案部位的反传统和非对称设计处理的案例目前戏曲中并不少见，但遗憾的是，影响刺绣效果的其他因素依旧没能得到现代挖掘，如刺绣材质、针法、图案风格多样性等，整体戏曲服饰刺绣面貌的改变还没真正意义地发生突破。

（二）戏剧影视服饰方面

1.戏剧（除戏曲外）服饰方面

本应同历史上一直以来一样，歌舞等表演服饰中格外喜用刺绣，却因为进入现代生产节奏，演出成本、制作周期、对史料考据不足等原因，即使演出服饰直接涉及带有刺绣的某历史服装样式，也会在服装"二度创作"中被简化或被其他手段取代，从较早时期把烦琐刺绣简化成贴布绣，到如今或是整件服装做褶皱肌理的意象化处理，或在本属刺绣部位的袖口、领口、肩部做故意凌乱粗糙的褶皱肌理处理，舞台服饰中已集体无意识地大量采用这些"前卫"手法。十年前刚出现由其他肌理替代繁琐刺绣的种种设计时，确有新颖大气的创作之感，但当精良大制作演出和小剧场话剧都在刺绣和替代物之间选择后者，并不断重复相似设计概念时，刺绣所带来的中国内涵，跟随着舞台服饰中渐少的刺绣比重，遗憾地丢失了……这些取代刺绣的新方法似乎成为服饰能够特意回避刺绣的理由。

　　上述总的大环境下，刺绣被重视的程度在实际作品中并不太乐观，但它还是会于特定的历史或民族题材舞台表演中不可避免地存在着。国家大剧院制作精良的大批歌剧中就不乏刺绣装点的服装，北京人民艺术剧院的话剧舞台上冲击台下观众视觉的大面积贴布绣服饰作品也时有出现。还有涉及少数民族和弘扬中国文化题材的各种舞剧、歌舞、演唱、大型舞台展示活动，异彩纷呈的服装中色彩对比强烈的刺绣搭配能增添舞台热闹气氛。现成淘来的绣品再加工或者服饰上设计图案直接机绣，成为此类表演服装常见刺绣手段，当然也有以更高刺绣标准在国际舞台上展现的案例。

2. 影视剧服饰方面

　　如果按中国目前表演服饰中刺绣使用的分量排序，戏曲服饰对刺绣"依赖"最深，影视剧服饰次之，舞台服饰中分量较之前两者最少。影视剧一直以来有相当部分以历史各个朝代为背景的剧作（一些拍摄历史时期的大型纪录片也是如此），刺绣作为民国之前社会普遍的服饰装饰手段之一，在还原或加工演绎古代服饰的影视剧中，自然也充当着主要的服饰语汇，起到与历史真实相连接的作用，以刺绣拉近服饰与历史的相似度，把观众从现代自然带入故事情节发生的历史时代，具有一定信服度。而且用刺绣手段可以从视觉上区分主要与次要角色，塑造剧中人物的身份地位、经济状态、性格特征等。如电影《白幽灵传奇之绝命逃亡》中塑造宋朝公主莲的形象，为了凸显她皇族高贵身份又本身纯洁善良的性格，刺绣成为最有力的服饰设计手段，采用纯色满绣全身，所有造型意图在恰当的刺绣表现中人物效果立竿见影。或许是刺绣在影视剧塑造人物中确实效果不凡，因此当国产影视剧刚刚进入百姓生活的20世纪80年代，还没有如今丰厚的制作成本，各方面条件都较艰苦的情况下，刺绣便以一定分量存在于影视剧服饰中。虽然制作经费有限，刺绣运用得较节制，但根据角色和营造气氛的需要，一些人物造型还是一丝不苟地以刺绣语汇出现，例如，六小龄童主演的电视剧《西游记》中女儿国国王的几套服装中，精致考究的圈金刺绣图案既符合人物特殊地位，又自然流露柔美感；1986年版电视剧《红楼梦》中的人物服饰也能说明刺绣使用范围精简但依然不可或缺的事实。主角林黛玉身上，刺绣会随场合不同以不同式样出现，生色折枝花装饰在敏感羸弱的林黛玉身上，与薛宝钗服装上吉祥饱满的刺绣花卉形成鲜明对比，可谓造型中区分人物的重要一笔。有些非写实处理的服装，主要用笔之处也在刺绣，似花即叶的飘零感图案在纯化色彩的刺绣中完美烘托出林黛玉的别样心境……早期的国产影视剧，通过当时几部经典之作也能够发现一个共性——人物造型方面是略带戏曲味道的，因此，无论是在表意图案、配色、绣线和刺绣分布位置等，都不免会有戏曲刺绣的惯用手法。

近年来的影视剧中，随着市场景象繁荣，投资增多，服饰中对刺绣的运用有增无减，十分热闹，只要是有关古装和年代戏的服饰，都少不了刺绣。欣喜的是，虽这些刺绣中的大部分都是机绣仿传统手绣，但在经费充足情况下，追求更精品的刺绣服饰也时有出现。由叶锦添担当造型设计的电视剧新版《红楼梦》中有3件价值连城的手绣剧装，分别是贾母、王夫人和王熙凤的3件华服，由设计师送往位于苏州的国家级工艺美术大师顾文霞刺绣工作室精心绣制而成。通过亲自拜访顾文霞大师工作室了解到，单刺绣环节每件衣服平均造价已相当不菲。从剧中明显可看出这3件纯手绣服饰在接近全真复原传统刺绣之后与其他剧中角色服饰的机绣处理直接拉开距离，经手绣装饰后的服饰质感不凡。

大部分的服饰刺绣，都以古代服饰中刺绣传统面貌为标准，再根据人物需要主要对刺绣色彩、图案进行再设计。也有设计者不满足于仿照传统刺绣，根据剧中人物特性努力寻求创意开发的。

总之，影视剧服饰中刺绣使用比重较乐观，虽也有被数码印、3D打印等新兴技术手段试图替代的小部分案例，但作为比数码印有可控性、可修补性、色差小等优势的刺绣，必然不会被全然取代，或许它们之间并不是替代与被替代的关系，而是让刺绣改变形式与这些新兴技术"合作"的关系。不过，仅从当前现状来看，刺绣真正突破性创新在整体刺绣服饰中所占比重并不算多。

3.具体创新现象

比重不多的创新刺绣服饰作品中，中国目前所表现出的现代创新意识在其中还是初露锋芒，也能归纳出少许付诸实践的服饰刺绣创新手段。

（1）较粗线状体走刺绣图案

通常会用一定粗纤维感的麻、棉等线绳以机绣把绣线走Z字方式固定于绣地儿上（似盘金绣），线绳走出事先画好的刺绣图案，使原本的面料多了起伏层次。比起传统刺绣一针针添色，线绳的直接盘旋节省了大量时间。这些线状之所以经过一番斟酌都会果断选取特殊而有肌理效果的麻、棉等材质，和它们古朴的风貌还有在盘旋扭曲的图案造型中更加明显的复杂肌理不无关系（图5-2）。走线体刺绣的绣地儿面料可以是素面料从而突显刺绣图案，也可以是锦缎等本身自带图案的面料充当绣地儿，线体刺绣可以沿早已呈现的绣地儿图案走（使原本织锦的图案更立体突出），或重起一个新图案（使视觉层次更丰富），无论哪种表现都可谓"锦上添花"。

图5-2 话剧《翩翩》中戏班班主服装（局部）

"锦上添花"设计理念如果扩展开来，还会呈现很多多样化的演出作品案例，如影片《夺命而逃》的男主人公服装，一位少年从现代穿越至古时摇身一变成为浪荡公子，服装上挑选本身有斑驳古典传统纹样的面料。而主角的形象层次感往往需要比其他角色更多，设计途径是多方面的，如同在提花锦缎上线状勾出设计好的新图案一样，可以设计与底面料风格无冲突感又力图突出角色的新刺绣图案，把面料改造为更丰富饱满的效果（图5-3）。

（2）贴布绣的现代开发

目前国内在贴布绣中的开发已有创新倾向，传统的贴布绣基础上注入现代审美喜好，比如贴布面料方面可做许多衍生——粗糙、细腻、闪光、褶皱……一些贴布绣正在被设计师进行垫高、褶皱肌理面料晕染渐变相结合的实践探索（图5-4）；除此之外，在贴布绣基础上刻意糙化，把布边全部让出1~2cm边缘，让翘起的布边层次效果自

图 5-3 电影《夺命而逃》中主角琥珀服装（局部）

图 5-4 设计师莫小敏服装作品（局部）

图 5-5 设计师彭丁煌服装作品（局部）

然出现，并用不同颜色的布以同样手法层层叠加其上，可在增强层次感的同时塑造图案形象（图5-5）。

（3）开发其他材质与传统丝绣材质结合

国内的现代设计者们不满足于传统服饰刺绣，并受到部分西方刺绣多材质影响，为了同时寻求造型效果的突出，会根据剧情中人物历史年代的设定，把传统中国丝质的含蓄刺绣加入一些现代善用的设计材质，如各种大小形状的亚克力钻、珍珠、亮片、金属等，整体看仍然是传统刺绣审美原则为主，局部替换或添加现代材质，造成舞台或镜头中时有时无的闪亮光感效果。

（4）刺绣立体感的塑造

所有的服饰设计种类中，舞台服饰的夸张程度通常是最突出的，这也是由舞台艺术的根本性质决定的，加上观演关系中观众隔着一定实际距离来观赏舞台，距离中的空气等因素会自然弱化肉眼对舞台事物的捕捉，因此舞台上的视觉造型需要通过各种手段突出，来填补被弱化的客观事实。造型的膨胀感、局部夸张、强化立体性往往都会得到良好的台下视觉观赏效果，因此借助刺绣手段，立体化、夸张化造型时有出现。例如，一件气势磅礴的大拖摆服饰，从底面料生出立体刺绣与贴布绣相结合的典型手法，用不同质感的面料做出各种花瓣的大造型花卉，也是视觉上最立体突出部分，与之呼应的在服装底面料上贴布绣叶子与枝脉，主次分明，装饰感丰富（图5-6）。

图5-6　设计师莫小敏服装作品及局部

（5）绣地儿面料的突破

目前国内也有对传统绣地儿进行突破的服饰设计作品显现，并确实有良好效果。舞台影视中较强烈的视觉特性使不少设计者绞尽脑汁地在服装中营造丰富多变的效果，肌理感被设计者不断玩味着，服饰中需要刺绣部分的绣地儿也是可以放开想象的设计区域，传统平的单一绣地儿似乎已满足不了现代审美需求，深邃的绣地儿面料反常态地运用带有很多褶皱变化的肌理面料，可把刺绣部分的图案衬托得更加鲜明惹眼。影视作品《夺命而逃》中大反派人物大祭司富有迷幻色彩的一身服装，线条流畅的金绣在非常规绣地儿上体现，有意选择的错乱线纹半透明面料本身有乱针绣的错觉效果，在半透明面料的衬托下不同光源产生不同的复杂视觉肌理，在这已极富表意的绣地儿上刺绣鱼与水的象征图案，使人物准确地被烘托在氛围之中（图5-7）。

图 5-7　电影《夺命而逃》中大祭司一角的服装刺绣（局部）

（6）机绣薄匀针

这是机绣出现之后的一种新兴针法，多年来影视中运用很多，常见形式为先把刺绣图案轮廓边缘较实部分勾出，图案内部机绣均匀洒上薄而疏的绣线，有时也会从密到疏的方式洒线。这种刺绣方式是遵循了中国传统刺绣美学中薄而平的特征，又以现代机绣方式巧妙地运针节省刺绣时间和降低刺绣难度，虽比起传统手绣略显粗糙，但影视剧中透过镜头能够达到相似的预想效果，因此目前的影视剧服饰中大量出现此类刺绣方式。

国内舞台影视服饰刺绣的创新现状，通过以上出现的几大类概况基本能得以了解，当然也会时有新的创新点在实践中迸发，比如借用刺绣图案的象征符号，在《夺命而逃》公主大婚服中重点装饰宽大的两袖，表现华丽隆重感的同时，银色略突起的抽象刺绣图案似上古文字的变体，又似女主人公伤感流下的眼泪（图5-8）；在第三届中国舞台美术展中，让人惊喜的一件刺绣与书法艺术相结合的服饰作品，虽也可从大的范畴归为画绣，但理念却有很大颠覆，刺绣以不同的疏密运针在书法笔触中节制又豪放的配合以及色彩上的差异感，都注入了更多现代艺术需要的刺激外放，也为刺绣跨领域结合的创作带来一些启示（图5-9）。

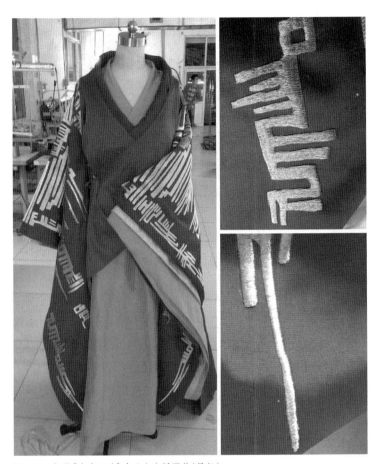

图 5-8　电影《夺命而逃》中公主大婚服装(局部)

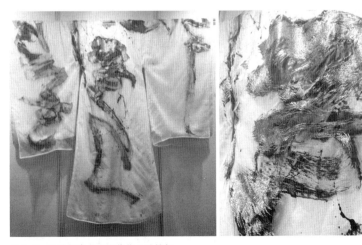

图 5-9　设计师秦文宝服装作品及局部

（三）高级定制方面

再略谈下国内高级定制领域的服饰刺绣比重，似乎高级定制天生与精致的刺绣有必然关系，有的品牌常年有送往苏州镇湖一带的苏绣手工艺者的订单，并不断在服装中试图改变传统刺绣的材料、针法、图案等，有的广纳刺绣手工艺者于旗下，追求传统刺绣的极致奢华，每件服装中都会以大量的刺绣为主要装饰。

而这些大量运用刺绣的服饰中创新现象也时有出现，比如对刺绣材质探索也会扩展到柔软的丝带；针法也会根据服装整体气质打破传统的齐、匀、密，疏密变化自然，有洒脱感；针法与针法间的结合更加灵活多变，考虑省工的同时又让传统刺绣样貌焕然一新……

二、当今西方服饰设计中刺绣出现和创新的比重

总体上看，西方如今表演服饰领域中刺绣运用比生活装只多不少。在表演的历史发展中，西方舞台上各种表演形式也是花开遍地，歌剧、即兴喜剧、莎士比亚戏剧、芭蕾舞剧和后来极度流行至今的音乐剧……历史上日常服饰对刺绣有着依赖，向来以历史为参考的表演服饰自然也会深受影响。虽然翔实而直接地得到西方历史中各个时期表演服装图文资料并不是件易事，但从前文提及的令拿破仑倾慕的格拉西妮的画像服饰中可证实，当时演员演出服上存在大量刺绣。

当西方于19世纪末电影出现后，电影艺术同舞台艺术并驾齐驱，共同承担着大众娱乐与审美需求的角色，表演服饰也在这两个领域势均力敌地发展着，其中刺绣一直发挥着作用。

（一）舞台服饰方面

西方舞台服饰中，20世纪初俄国的舞台表演艺术在欧洲大放异彩，随之为整个欧洲带来了俄国"东西混血"刺绣，美丽浓郁的刺绣活跃在缤纷多彩的西方舞台服饰中。如果把此阶段看作刺绣发展高峰的话，那接下来刺绣的运用确实有些平缓下降。以印花为代表带有丰富图案的织物大量出现，加上先锋戏剧、超现实主义戏剧和其他新兴舞台表演形式活跃，对服装的风格也是定义更丰富，但是，现代艺术领域的多元性并不意味着刺绣的消失，很多歌剧、芭蕾舞剧、音乐剧甚至近几年兴起的浸没式戏剧，刺绣仍会出现。

在美国纽约上演，每场只容纳15名观众的浸没式戏剧 *Then She Fell*，根据《爱丽丝梦游仙境》改编，其中红桃皇后一角所穿服饰，其上点睛的刺绣之笔显得格外醒目，在其他演员中"女王范儿"身份顿时突出，确实有让与演员自由互动的观众有"穿越"之感；巴黎歌剧院1984年上演的芭蕾舞剧《天鹅湖》中罗特巴特（Rotbart）所穿着的斗篷款服装，作为一号反派的魔法师角色，用近似贴布刺绣为主要服饰语言，形成意象化的自然和鸟兽面部形象，在舞动时层叠的各色布片不失动感，成熟的设计让人几乎无法相信这是在1984年创作出的作品（图5-10）。法国芭蕾舞剧《舞姬》（1992年）中妮基亚（Nikiya）的演出服，虽刺绣方面看似常规，但意在传统芭蕾舞裙中寻求女主人公对爱情忠贞的纯美境界，以珠绣为主要手段在胸部和裙上重要部位做立体刺绣，使演员服装不张扬但精致又突出，尤其灯光映衬下，必然会牵引台下观众情不自禁追随着这位身着闪亮刺绣服的舞者（图5-11）。不同版本的音乐剧《歌剧魅影》中也可看到刺绣的身影，点缀的刺绣帮助服饰成功回到19世纪末，又给剧

图 5-10　巴黎歌剧院版芭蕾舞剧《天鹅湖》中罗特巴特一角的服装（局部）

图 5-11　巴黎歌剧院版芭蕾舞剧《舞姬》中妮基亚一角的服装（局部）

中那个热闹而带有神秘色彩的巴黎歌剧院再添一笔深邃的视觉层次感。如北京天桥艺术中心作为开幕大戏上演的《剧院魅影》中，化装舞会一件代表死神的魅影服装 "red death"，上面有正宗的龙纹刺绣图案，因此这件造价不菲❶的服装也被称为 "Chinese"，共花费两个月时间手工缝制而成。

如今的舞台上，虽然刺绣已不会大规模占据整个表演服饰，但也会适时地在某风格视觉舞台上以帮助塑造某角色形象出现，并围绕演出适度把刺绣进行创意设计，让人看到刺绣如今仍被尊重和发展的希望。

（二）影视剧服饰方面

影视剧中，刺绣主要出现在以历史各个时期为故事背景的服饰上，有还原当时服饰面貌的作用，又有这基础上设计者自己对创新程度的发挥。由于影视剧在西方每年的多产，有历史年代的故事不占少数，虽然在服装中刺绣也会被各色图案化的面料取代，但毕竟刺绣比单独面料要更有层次和立体效果，因此重要人物、服饰中最重要部位也少不了刺绣的身影。

当美国电影从默片走向有声电影时代，1934 年由著名美籍华裔女演员黄柳霜（Anna May Wong）主演的电影 *Limehouse Blues*，为了打造片中酒吧舞女形象，美国设计师特拉维斯·班通（Travis Banton）设计了一身给后人留下深刻印象的经典黑色绸缎旗袍，前后身两条金银刺绣的龙形图案醒目又起到视错修身效果，在电影发展初期的黑白片时代，服饰刺绣便已发挥着视觉装饰的重要作用。

西方电影产业的发展势头聚集的雄厚资金和大量设计人才，一直以来给电影服装的精良制作创造良好状态，刺绣在其中出现的高比例和较高的工艺标准随着电影的发

---

❶ 整套服装共花费约 5 万美金。

展也从未间断地展现于各类影视作品中。意大利服装设计师索芮拉·方塔那（Sorelle Fontana）在1954年美国导演约瑟夫·L.曼凯维奇（Joseph L. Mankiewicz）执导的电影 *The Barefoot Contessa* 中，为主演艾娃·加德纳（Ava Gardner）设计了一款惊艳的刺绣晚礼服；这款服装除了款式上用羽翼般大袖来突显此刻的表演气势外，上半身的刺绣也是一大亮点。五光十色的小金属片、珠子、贴花绣成的变形花卉图案在粉色绸缎衬托下显得十分突出，视觉上不失细节的华丽感让观众着迷，设计师运用擅长的丰富感装饰打造剧中明星气质恰到好处。

　　1998年以文艺复兴为大背景的影片《莎翁情史》，片中从伊丽莎白女王到几个主要角色的服饰中都出现适当分量的刺绣语言，女主角薇奥拉（Viola）家中舞会上以一身华美的文艺复兴女装出现，虽然紧身衣上采用大花卉类似提花织锦的华丽面料，面料的光泽感和错落图案使主演身上有着多层次的视觉效果，但是这程度似乎还不够，肩部泡袖用具有一定厚度的镂空刺绣加重了分量，材质上的统一在刺绣的独特立体手法下和谐又有主次，同时演员的脱俗气质通过比在场众人更突出的服装质感烘托得更为显眼。镜头效果中，精致中寻求一定层次感确实很是必要。当女王伊丽莎白一世盛宴出场中以好似材料大荟萃的十足气场示人，仔细观察会发现服装中每部位都用了服饰装饰手法中最有力度的"狠招"，孔雀羽毛、大颗珠饰、金线等多种刺绣材料重工装饰服装表面，几乎整件衣服通体被不同刺绣手法覆盖一层，让观众眼花缭乱，尤其紧身衣胸口边缘珠绣为主的刺绣，不仅因它居于整身衣服的最突出部位，还有那大颗宝石和金属片构成的刺绣肌理使其在全身"隆重"的装饰中更脱颖而出（图5-12）。这部戏的服装设计师是来自英国的桑迪（Sandy Powell）。她在《莎翁情史》服装中所施浓重之笔和她的又

图5-12　电影《莎翁情史》中的女王服装　来源：网络

一部力作——电影《灰姑娘》的清丽服饰风格虽各领千秋，但刺绣都还是会在适当的人物身份上出现，虽然影片风格收敛了浓重和立体，然而轻盈风格中的华丽感却不曾减少。从上面提及的几部影片案例中能感受到，刺绣作为其中一项重要服饰语汇占据一定比重，同时根据影片类型和风格，以及人物的种种需要，设计者们也不间断地积极创新着。说到创新，不得不提到另一个服装设计团队——服装设计师米歇尔·克拉普顿（Michele Clapton）和米歇尔·科甘（Michele Carragher）带领的设计团队。近年来她们一直乐此不疲地对刺绣进行着再大胆不过的创新，获得多项艾美奖的美剧《权力的游戏》的服装设计便是由她们完成。该剧跨越了8季，对刺绣的运用也让她们大呼过瘾，这部中世纪史诗奇幻剧本因毫无历史要求而完全可以"避开"刺绣，但她们却把刺绣用到了极致。将刺绣作为区分家族和人物鲜明特征的最有力手段，这些能叫上名的女性角色服装几乎件件有绣迹，但这些刺绣却是以前不曾见过的样式。这方面的创新程度的确前所未有，从图案的寓意到刺绣针法、材质肌理都完全突破传统，使其具有粗糙原始的神秘味道。服装既粗犷又复杂，这点反而能直接表达出发生于中世纪的奇幻色彩。服饰刺绣的大胆创新让该剧主题在视觉上被直观化，使观众更容易被带入到情境之中（图5-13）。

图5-13　美剧《权力的游戏》中的服饰（局部）　来源：网络

刺绣在现代西方表演服饰中，正被理性地运用和适度感性地创新着，虽没有历史上服饰对刺绣大程度依赖，但仍然一脉相承地在今天的表演服饰中得到再设计，并把对历史和传统刺绣的研究尊重与创新开发同时兼顾。

（三）高级定制方面

西方的高级定制则是另一块不得不提的服饰刺绣领域。有所区别的是，高级定制对刺绣工艺的要求更高，虽然出现机绣后，高级定制中也很灵活地使用着机绣，但手绣仍有它不可取代的位置，"如果没有手工艺也就不再有高级定制"成为很多高定设计师们的信念，所以在刺绣和其他工艺上都不惜花费大量成本。同表演领域一样的是，虽不受历史朝代的情节限制，却仍不忘对刺绣的传承和创新。大量高定服饰刺绣的表现基本可以通过以上这两大因素概括。与表演服饰不同的是，高级定制服装在工艺的追求标准和细节重视度上的确比表演服饰高很多，但是刺绣的运用和创新行为却很相似，在整个服饰领域中可谓与刺绣高度亲密接触的典型服饰类型。很多知名高定设计师也会时常涉猎歌剧、舞剧或电影服饰造型，尤其针对刺绣，"你我本一家"，可打通相互借鉴，相互启发。

由于西方表演和高定服饰中，现代服饰刺绣的创新作品在整个服饰刺绣作品中所占比重很大，创新的具体方法多样而成熟，因此很多创新方法和成功案例就不一一列出，仅提取部分对中国服饰刺绣创新有鲜明指向性帮助的西方创新方法进行列举分析。

如果想更清楚刺绣在当今西方出现的分量，跳出刺绣自古依赖的服饰土壤，或许了解会更加宏观全面。一个英国家居品牌Fromental在网上有一定热度，原因之一是它的壁布产品采用绘画和局部刺绣相结合的设计理念。这个在中国南方设厂的外企用带有东方风格的刺绣壁布为卖点，绣画结合的创新既节省整面刺绣的时间，又比普通印画壁纸增加一层绣线的立体效果，而且站在室内不同角度都有不同变化的丝的光感。刺绣主要点缀在花瓣边缘、花蕊、鸟羽部，或是采用线勾金银轮廓提出图案造型，穿插在画中达到绣画难辨的效果。纯艺术方面，刺绣也不会满足传达传统意义的架上绣，被"利用"得极有新意：秘鲁艺术家安娜·特蕾莎·巴尔博萨（Ana Teresa Barboza）就在刺绣中找到了她艺术作品的创意点，也同样是绘画与手绣的结合体，但主要利用刺绣线迹的立体感制造作品空间和错乱，同时开发作品的触觉质感（图5-14）。

图5-14　秘鲁艺术家安娜·特蕾莎·巴尔博萨含有刺绣元素的创意作品　来源：网络

三、对比结论

以上分别对中西服饰刺绣使用比重现状做了整体描述，经对比梳理后，从当下中国服饰刺绣的创新发展角度出发，得出以下结论：

（一）刺绣应用方面

广泛到整个艺术领域，具体于服饰中，西方算是刺绣方面的后起之秀，但进入现代后，明显有大量刺绣在各艺术领域占据着一席之地，西方现代人对刺绣的热情远超中国。如果说影视方面，中西服饰中所出现的刺绣分量差异并不悬殊（创新分量除外），那么舞台上，国内表演服饰中刺绣较之西方有强烈的贫瘠感，除了程式化的戏曲服饰能为中国舞台撑起大半的"刺绣面貌"外，其余的舞台表演中刺绣经常被其他简化的手段所取代，文化底蕴和艺术价值被大大降低。

（二）刺绣创新方面

虽然中西都有在服饰中对刺绣进行现代创新的意识，但从作品中显现，西方的刺绣创新更成熟，由设计到最终实物，都积累了一定具有较高艺术价值的成果；中国的服饰刺绣创新在意识上很高涨，特别近两年，但具体的创新思维没有完全打开，体现方式上也相对拘谨，不够成熟。

（三）对待刺绣态度方面

进入现代后，西方服饰采用刺绣是积极而轻松的态度，与国内潜藏着消极应对的态度形成对比。西方的刺绣最早算舶来品，加上"跳跃式"的发展过程，也影响了如今服饰中拿起刺绣毫不退缩、毫无负担地大胆创作。而中国面对祖先留下的四千年深远而讲究的刺绣学问，今天的设计者表现得有些为难，因为绝大多数设计者，不仅很难有对中国传统刺绣深厚历史潜心研究的知识储备，而且会被中国几千年循序渐进形成的"坚不可摧"的刺绣形式表面所约束，限制了胆量，也限制了思维方式，所以在服饰中对刺绣要么表现出敷衍了事，要么消极逃避。也有少数积极面对刺绣进行一番创新的，然而其中大多非左即右——下了很大苦工，只是在图案或色彩上略有改动，谈不上真正突破；还有的在创造过程中，思维无意识地被西方刺绣所影响，最终完成的作品变成说不出道不明的西化味道。其实，即使在这些看似积极应对的设计中，也深藏着隐约不自信的迷茫感。

对于如今的刺绣创新开发，虽然刺绣工艺本身的造价高、周期长，在现代社会高速发展的节奏中，与历史上任何一时期相比，看起来都是最"不和谐"的，是处于对立面位置的，但可以利用巧妙的现代设计思维在服饰上解决这看似的对立，而不是完全逃避和抛弃刺绣。刺绣既然在中西方有着它几千年无间断的发展历史，足以证明它的存在价值，必然不可忽视和抛弃，跳出旧有的思维给刺绣符合现代背景的创新，高成本问题是会被迎刃而解的。当然，高级定制服装中较之影视、舞台表演，服饰制作不太受经济、时间成本紧张限制的大问题所影响，但在这些因素不打折扣的良好条件下，中国所谓的高级定制目前依然没有让刺绣如西方般实现对传统进行创新的真正突破。

第三节　中国服饰刺绣创新的具体方法探索

对西方现代服饰刺绣创新中的具体成功案例做以分析，能给接下来中国服饰刺绣如何真正展开创新一些有价值的启示。

一、西方服饰刺绣成功创新案例分析

认识他们对刺绣创新的大胆态度和艺术成果之前，有一个对创新异常重要的因素需要指出——对传统的继承和研究。虽然西方的刺绣史没有中国悠久，且形成过程中受中国影响很大，波斯、印度、日本乃至非洲地区的文化影响也都不间断地渗入，所以西方传统刺绣可谓吃百家饭，集百家态。即使这样，现代西方人对自己（历史、文化、艺术）传统的珍视和潜心研究丝毫不打折扣，也正是他们对传统刺绣的保存和研究，铺平了现代创新的道路。例如，美国对已有的传统刺绣保存和研究看得非常重要，他们会强调如果不能把这份工作做好，将不知道自己的历史和如何传承。也有许多刺绣者如今仍非常乐于使用传统针法，秉着对历史尊重的虔诚态度，认真地复制着精美历史作品。在一部分专业人士对刺绣历史尊重和深度研究的基础上，另一部分设计创新者们才会把刺绣现代设计进行得如此自如。

创新设计开始时，首先需要打开的是视野，西方现代的刺绣创新与其他艺术各领域关联度一直很高。早在20世纪初，据与香奈儿合作多年的Kitmir刺绣工作室创始人玛丽亚·巴甫洛夫娜回忆：在香奈儿的坚持下，她需要不断更新每一季的刺绣，为此她接触很多古代装饰，收集基本资料，还从科普特面料、中国瓷器、印度大君的珠宝、东方挂毯、波斯陶器、保加利亚和俄国刺绣中吸收灵感。她们第一次合作的走秀如期在香奈儿Cambon街举行，结束后凡是有刺绣的服装，经销商都竞相订货，因为这些刺绣所展现出独特的原创和新意让服装更具价值。看来设计者构思初期如果是在一个开阔的视野下，设计创新会变得事半功倍，创新行为里需要包含的工作其实远不仅是单纯的创新。

从20世纪初直到现在，无论影视戏剧表演服饰还是高级定制，甚至有些时装品牌走秀款中，刺绣创新的成功案例举不胜举，但在本书具体西方成功案例分析中，仅围绕能对中国服饰刺绣现代创新有突出启发的设计案例，针对性地分析。

（一）"新"画与"新"绣的结合

画绣结合历史上中西都有出现，在传统刺绣中很是巧妙，既可保证效果又能节省刺绣成本，然而，放入现代服饰刺绣中已不足为奇，因此西方很多服饰刺绣作品中可以见到多种新兴的画绣形式。首先画的形式在现代技术下是可以无限多样的，各种风格的绘画、印染、数码印等，可以表现出不同的笔触感；绣的方式则更加精彩，早已跳出传统刺绣"线"的束缚，材质和针法都大胆用到面料、丝带、蕾丝，甚至把它们先做出一个立体造型小单件，再附着于已经完成画部分的面料上，或许能看到古代堆绫绣的影子，但更加巧妙生动，只要把相对较立体的刺绣应设计在画地儿哪个部位仔细稍加斟酌，出来的效果既省去面面俱到的一针一线，又使远近虚实感加强，且还添加了一种特殊的刺绣触感，视触角度上更满足现代审美偏好。如巴黎顶级刺绣工坊L'Ecole Lesage为服装绣制的一款花卉图案中，在略带油画效果的画地儿上，花瓣处用更仿真效果的薄丝面料，有选择性地放到某些事先画好的花瓣部位，把面料双层折起固定在有毛边的一端，并把两头修呈尖状做出面料花瓣逐渐消失在平面画中的错觉，花瓣效果非常生动。白色小朵花则又与大花手法处理不同，再局部结合一些珠绣、平针绣于叶茎和花蕊处，最终因为刺绣手法的生动虚实感和油画肌理感而成为服饰一大亮点。

（二）立体刺绣新方法

中西服饰刺绣存在的最大差异之一正是西方服饰刺绣具有很强的立体感，主要围绕针法和材质的开发，让服饰立体刺绣花样比较丰富。可这并不会使西方现代设计者们满足，他们在服饰创意中依然围绕立体效果津津乐道地开

图5-15 香奈儿品牌2015秋冬发布会服装作品 VOGUE网

发着。

材质上的立体开发之所以更为活跃，得益于现代各种合成材料的出现，加上设计者跨领域大胆取材的意识，使西方服饰刺绣的材料选择更加丰富。以国际知名品牌香奈儿为例，2015秋冬高级定制秀场上，颠覆而不失精致的服饰刺绣让人大开眼界，一款晶莹剔透的白色小礼服，有着欧美影视剧中会有的奇装异服的夸张感，材质的大胆使用是这件服饰精彩的关键，小上衣的面料表面被立体满绣覆盖，刺绣材质选用几厘米长类似亚克力材质的透明细长棍，把它们按照3个或4个一组钉成可立于服装面料的椎体或异形体，没有固定的几何体限制，也没有事先画好的均匀定位，一个个小的立体几何形生动地跃然平的底面料上，镂空的立体效果在亚克力板闪亮光泽中，让人不得不感叹这款服饰刺绣的非常态创意，西方立体刺绣的固定概念又一次被冲破（图5-15）。除此之外，还有利用材质本身的怪异造型，仅以传统珠绣钉珠的方法把它们经过设计附着于服饰某部位，也自然产生突破性的立体刺绣效果。

刺绣针法方面、立体效果的针法除了针法部分提及的丝绒上的立体绣、夹绳纫缝这些历史上出现的典型立体绣法外，现代也陆续开发了不少垫绣针法。例如，根据图案的需要，会先用两次不同方向较稀疏的排线打底，升到理想高度后，再在上面做细致的传统针法排线；还有的直接在刺绣绣地儿上做起文章，用平行大针脚在面料上走出一行一行，然后抽线使面料收缩后表面布满细褶，一块简单的平铺面料顿时出现丰富的肌理感。其实到这一步为止是肌理化面料常用的处理方式，近年来的国内戏剧影视剧中也经常用到，然而在西方立体刺绣的现代开发中，这只是个序曲。布满肌理纹路的面料上，施绣针走刺绣图案的同时把一道道细褶再次进行连接固定，此时选择粗而有力的绣线材质较好，帮助进一步收敛固定抽出的褶皱，同时加强刺绣立体效果，最后效果既有复杂的肌理感又有刺绣融入其中的图案，使常规肌理增添细节和内涵，使创新的立体刺绣方式伴随较强视觉效果。

（三）转移和改变常规刺绣部位

或许受各朝代历史服饰中典型款式的典型刺绣部位影响，现代服饰刺绣创作中也会集中于常规的领部、肩部、袖口、衣襟和下摆处设计刺绣。但事实上，刺绣在服装中的分布也是有很大设计空间的，西方很多现代创作中，从影视到T台，让我们看到了更多刺绣部位的可能性。

美剧《权力的游戏》设计师米歇尔·克拉普顿和她的服装团队对面料创作非常投入，由于设定的故事在中世纪神话色彩大背景下展开，从服饰的款式到刺绣都挣脱了不少历史束缚。作为该剧视觉重要语言的刺绣，也十足跟戏一起受到青睐，不单刺绣图案上反常规地设计鸟兽象征意义的生动形象，更大胆地把服装全身作为刺绣"生长"空间。以琳娜·海蒂（Lena Headey）扮演的瑟曦·兰尼斯特·拜拉席恩（Cersei Lannister Baratheon）一角服饰为例：作为七大王国现任王后，服饰中的刺绣也抢尽风头，先是较柔和的鸟绣纹服饰，反常规地把刺绣中心放到右肩和后背正中，又在修长的大袖上做以点缀呼应。巧妙的是，最终的刺绣效果是把这几个象征性寓意图案，用金属丝和珠片绣成的抽象曲线自由伸展，整体连接成一个图案组，一气呵成地布满上半身，但又讲究不对称的动势，曲线的衬托图案仿佛几只鸟飞过的痕迹，又使整件衣服打破常规刺绣分布的死板（图5-16）。而某些场合中又少不了兰尼斯特家族的标志性狮纹刺绣，刺绣延伸的柔美感被族徽式具有力度的风格代替，二者的共同手法是刺绣部位的反常规处理。先用各种珠、片、金属环、意大利管状金丝等绣成立体效果狮子图案，之后剪下被设计在服装上于臂根部安放，如同袖标般庄重彰显着王后无人能及的地位（图5-17）。

西方设计者对如今的服饰刺绣有同其他艺术相互渗

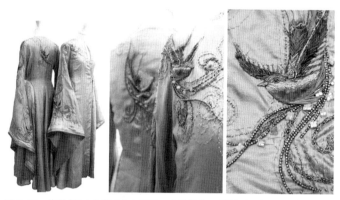

图 5-16　美剧《权力的游戏》中瑟曦一角的服饰 1（局部）　来源：网络

图 5-17　美剧《权力的游戏》中瑟曦一角的服饰 2（局部）　来源：网络

透的态度，在服饰中用刺绣方式作画，完全把服装等同于画纸，轻松且伸展自如，这点早在20世纪初已初见端倪。意大利服装设计师伊尔莎·斯奇培尔莉（Elsa Schiaparelli）向来喜欢和跨界艺术家们合作，如1937年由她完成的一件晚礼服，巧妙地利用从前身斜襟向右到整只右袖这大半个区域，以刺绣的方式作画，有繁有简的线

条疏密分配，既是对袖子和斜襟的装饰，又趣味性地增添
服饰含义，除了大胆对常规刺绣位置挑战之外，其实这也
是刺绣与其他服饰设计手段（款式）自然配合出鲜明不对
称效果的生动案例（图5-18）。香奈儿甚至曾带有几分嫉
妒地评价伊尔莎·斯奇培尔莉："她只不过是会做衣服的
画家罢了。"然而这似乎正道破了现代服装界所需要的，
刺绣创新更是如此。T台上刺绣部位的反常规设计同样会
有别致的讨喜效果，当红新锐设计师克里斯托弗·凯恩
（Christopher Kane）于2010秋冬时装发布上展出的很多刺
绣服饰，花卉的图案、针法、材质、色彩都不足为奇，可
是，在位置上打破常规的构思，把花卉刺绣移到肘腕间、
大小臂中间部位和花草从两边侧缝水平生长往前身中线延
伸，单这一个因素上的改变就使服饰效果大有新意，避免
了艺术设计中最忌讳的审美疲劳（图5-19）。

图5-18　设计师伊尔莎·斯奇培
尔莉的服装作品　1937年　来源：
网络

　　换个角度看，如果服饰中刺绣的分布跳出固定思维，尽
情地虚实延伸、散点、转移，都可在不影响大面积视觉感同

图5-19　设计师克里斯托弗·凯恩　2010秋冬发布会服装作品　VOGUE网

时，省去很多绣工，视错会帮助设计者在刺绣图案的点线之间留白处自然连成一片，最终完成服饰的华丽感和饱满度。

（四）绣地儿的突破性改变

很多服饰刺绣，注意力的集中点都在刺绣本身，而绣地儿的变化往往被忽略。然而，西方现代设计中对绣地儿进行巧妙开发，让服饰多了意想不到的效果。在极透明的丝或纱地儿上进行刺绣，其实早在历史服饰中便有所见，透明度极高的真丝制披肩两头以温婉花卉刺绣装饰，轻薄的披肩搭于肩部，垂下的刺绣部分在身体两侧装点全身，尽显浪漫主义气息。而如今，更透明的绣地儿效果有了更大胆尝试，与服饰的款式轮廓直接产生联系，不再是单纯浪漫味道，趣味感、视觉冲击力、性感都可集于一身。

大都会艺术博物馆2016年举办盛大的"中国：镜花水月 China：Through the Looking Glass"主题展上，拉夫·劳伦（Ralph Lauren）2011年设计的晚礼服，以中国旗袍和龙纹刺绣为设计元素，演绎出具有东方神韵的时尚感。而最抢眼的正是把精心设计的行龙纹图案绣在整个服装背部的极透明纱地儿上，性感的近乎裸背效果把深色的龙纹刺绣衬托得直观、张扬却又矜持（图5-20）。当服装某部分设计用透明纱地儿来刺绣，刺绣图案的边缘轮廓会在皮肤的衬托下更为明显，可以从视错上改变服装本身的简单轮廓，使轮廓造型更加复杂活泼。

（五）刺绣虚实层次感的营造

西方服饰刺绣自古便追求丰富性，审美特征经常围绕着立体和层次展开刺绣设计，即使积累了大量丰富层次感的方法，但创新仍在继续。曾几何时，一向直接宣泄情感的西方设计者也开始使用与中国古典哲学神似的含蓄概念，以表现刺绣层次。目前又在服饰中对闪烁斑斓的珠绣再进一步虚实效果的层次处理，如同巴黎歌剧院2000年上演乔

图 5-20　设计师拉夫·劳伦　2011 年礼服作品　摄影：Platon　来源：网络

治·巴兰钦的芭蕾舞剧《宝石》第一部分《祖母绿》中的
芭蕾舞服一样，往往在集中珠绣的服装部位下层还有少量
的同质地刺绣，双层之间的绣地儿选择各种透明的网眼纱，
使底层珠绣在上一层的透明网眼纱下隐约可见，填补了最
上层珠子与珠子间的空隙，又不抢表层珠子的光芒，以较
虚的闪亮感来丰富层次，虚实的映衬使服装在舞台上，尤
其演员舞动时，集中着闪烁而深邃的效果（图 5-21）。

（六）"伪历史"风格设计

以上几种西方服饰刺绣创新更接近于具体化的单一创
新方法，而下面所谈到的则是相对较综合的理念，可以把
独立的具体方法综合用到其中。

"伪历史"风格，意指在现代设计作品中能明显看出历
史某阶段服饰模样，但又不知在什么地方变了味道，不是纯
历史原貌的复制，又没有那种把原物完全解构后特别抽象的
大动作。尤其影视、舞台服饰中，如果涉及历史题材的服饰
设计，同时又要必须考虑现代因素的融入（现代审美、演出

图 5-21　巴黎歌剧院版芭蕾舞剧《宝石》
中的舞服（局部）

风格、服装制作周期等）时，"伪历史"是非常变通实用的设计手法之一。具体于刺绣方面，如前面在西方刺绣发展中提到法国宫廷贵族所穿的男士刺绣外衣，都会在前中对襟处沿领部向下走到底摆，布满连续刺绣，大宽翻袖的袖口区域随之也做刺绣呼应。如今的设计者们经常乐此不疲地在这款经典男装上做文章，经现代设计的服装，款式上有时会稍有变化，最重要的，刺绣图案和材质往往也会距传统原貌有明显不同，但只要出来的刺绣布满在如历史原貌一样的位置上，顺着前襟由上至下走满前身，作为巴洛克和洛可可时期风靡一时的宫廷男装，现代创新中能把这一特点保持好，剩下的因素无论怎样被现代审美颠覆性改变，也依然会暗示着观者，使其被自然带回到那个可以意会的时代风貌中，以重要的刺绣因素关联，一切自然搭接。

（七）刺绣"糙化"

现代艺术的形式追求变化和多样，接纳度较高，影响了西方服饰刺绣面貌。虽然历史上刺绣呈现出的图案、针法、材质、色彩以及综合后的状态已很丰富，但求变在西方艺术中被看得无比重要，加上演出服饰要给角色身份的特定表现力，刺绣往多层次、多质感方面尝试的成果越来越多，用刺绣的基本技法创造出肌理面料，使服饰因刺绣产生更丰富直观的视觉语言和寓意。当然，"糙化"的方法很多，单独基础针法上的稍做变化、基础刺绣针法与新颖材质的结合、刺绣手段与其他手段共同运用都可以制造出丰富肌理感。比起单调浮于表面的肌理化方法，在肌理创造中融入"糙化"刺绣，刺绣针法会让肌理感与服装结合得更深入，生长在面料之上而非浮于表面；刺绣本身的丰富性质也会使现代肌理产生更多可能性；服饰刺绣几千年的文化韵味会让肌理面料更富内涵。

（八）刺绣与其他手段通力表现

即使不在刺绣针法和材质上做出突破，刺绣与服装其他方面设计语言的精心结合，通力达到一个明确的设计意图，也是西方现代设计创新的可取之处。除色彩外，服饰的款式造型在视觉中尤为突出，而巧妙的刺绣非但不会抢它的风头，反而可以强调设计者给款式带来的新用意。如大都会版经典歌剧《魔笛》中埃及王子塔米诺（Tamino）造型，作为剧中最重要角色，又是年轻王子的身份，他的服装做了不对称设计，从右肩倾斜下来直到膝盖的不对称半长大衣在色彩的深浅衬托下更为明显，为了显示一定地位象征，服饰用金红色彩的刺绣装饰白色外衣，而从刺绣最终被放于不对称斜襟的下摆处可以猜测，刺绣为已不对称的服装款式又加重了视觉的不对称感，帮助整体服饰强调不对称设计意图，但又毫不生硬。抽象化刺绣图案的不规则边缘也给服装一层层的直线条感添了一份灵活，使其富于变化。在舞台上，这样鲜明的视觉大效果会把导演兼服装、道具设计者朱丽·泰莫（Julie Taymor）的设计用意直接无误地传达给台下观众，也自然让塔米诺的主角身份在偌大的舞台上脱颖而出（图5-22）。巧妙地运用刺绣，使包括刺绣在内的服饰各个设计因素不再孤立工作，而是让它们往同一方向配合达到某种设计效果，这也是刺绣可以被进一步挖掘的潜质之一。

西方服饰刺绣的现代创意成功作品远不止这些，但以上选择的作品设计理念，或许针对中国刺绣特点的现代设计和目前所出现的设计问题会有一些帮助，为下文直接谈论中国服饰刺绣的具体创新方法做一个简短而具有提示性的铺垫。西方人的冒险意识不单让他们收获了各大洲的领土和殖民，也收获了各地区的文化资源，现代的冒险则更多表现于对这些文化艺术的不断开发。在刺绣方面，他们并不会满足

图 5-22　大都会版歌剧《魔笛》中塔米诺的造型　大都会歌剧院官网

目前的丰富成果，服饰刺绣上无论是影视舞台方面，还是各大高级定制，都在极大地开发新针法、图案、绣线、面料。

与香奈儿曾有很长一段时间合作的 Kitmir 刺绣工作室，最有名气的针法是戗针（twisted silk thread），但经典不等于一成不变，这种针法不光只用于丝和金线刺绣，随着季节的变化，还会加入各种珠子、种子、小金属片，随时与季节感受的不同来呼应（中国宋代开始就已出现随季节变换衣服中的刺绣图案理念，但仅在图案元素的更替上做文章）。面料运用也非常大胆，只要能想到的，斜纹粗棉布、羊毛、华达呢、帆布等都可使用，选料只有一个基本原则，即绣底面料结实、密实，可以使绣针无限次穿过，除此之外别无他限，所以他们在尝试新面料来试验会不会保持合适的松紧度之中也找到了乐趣。

更可贵的是，他们一直延续着经济因素的考虑，并围绕经济因素有了更多解决办法。当刺绣师们使用贵重的金属刺绣时，需要明智地平衡肉眼的感官和使用昂贵金属的数量，即总是伴随着设计效果与实际体现效果的关系。刺绣一直以来就是造价很高的传统工艺之一，无论时装还是表演服饰中，刺绣服饰永远和经济因素考虑密不可分，他们一边追求华丽的刺绣美感，一边不停思考它的经济成本。早在19世纪初，就出现了可以和服装任意搭配的绣片，人们把事先绣好的各式样刺绣成品沿图案边缘剪下附到纸上，卷起进行售卖。这种提前做好的绣片节省等待运输服装面料再在其上刺绣的时间。出于经济考虑引发的巧妙刺绣思维在快捷高效的现代更为明显，如今的西方刺绣，不会拘泥于手绣的传统价值，而是会融入很多现实思维，灵活分配手绣与机绣比重，比如大面积背底机绣，再手绣润色具体重要部位，而且经常还会用大块并有效果的材质代替一针一针的传统绣线，省去刺绣时间。西方刺绣在不断尝试创造，产生大量丰富新奇的服饰刺绣的同时，渗透着设计理念的成熟与自信，这是中国现代设计者身上较缺失的。拥有四千年刺绣文明史的大国，曾经服饰作品中处处显露着自信张弛，如今却被西方后来者居上，他们所具有的这些设计精神，的确值得似乎还处于现代创新初期的中国服饰刺绣深思。

二、从西方成功案例总结现代审美对服饰刺绣的需求

借着分析西方现代服饰刺绣的成功案例，反过来，审视下中国的现代审美需求大致趋向，以帮我们理智地找到更成熟的创新办法。总的来说，当今的艺术领域，"反传统""颠覆传统"字样的曝光率极高，现代人在科技信息化时代中，视觉甚至其他的感官都需要不断的刺激才能得到满足。如何理解刺激？刺激的反效果是麻木，审美疲劳，只要避免设计作品中给观赏者带来似曾相识的审美疲劳，有"陌生"理念和形态的加入，就可以在现代审美中"存活"。当然，真正达到怎样的刺激效果，刺激大众感官的程度如何，具体也有很多成熟设计的标准。服饰刺绣

中，现代审美离不开传统刺绣，那是灵魂；也离不开新颖设计概念注入其中，来刺激大众感官。顺着这一思路细化服饰刺绣的现代审美需求：

（一）服饰刺绣创新应保有传统刺绣文化内涵

无论抽象符号化还是具象的存在，灵魂性的内涵在尤其中国现代人越来越寻求满足的高度文化回归中不可缺少。

（二）现代审美的感官刺激需要服饰刺绣有比传统更丰富、更复杂的面貌

现代人有来自多领域的信息量摄取，刺绣设计只有以更广阔的眼界丰富到刺绣作品中（材料、造型、主题内容、针法等），才能提起观赏者的兴趣，满足其审美需求。

（三）符合现代审美下的服饰刺绣还要随时灵活善变

刺激见多识广现代人的前提是变，每一次创作都是新的开始，不要停留在刺绣已有的成果中，而是注入与时俱进的新元素、新概念，以作品新意来刺激现代人的感官。

（四）服饰刺绣在大胆设计的同时，设计和体现的成熟性也是现代审美比较挑剔的一点

刺绣往往需要追求丰富多元性，服饰刺绣中大量元素的选取和整合十分考验设计者的功底，设计和体现的新颖成熟与否在现代审美中同样重要。现代人通过种种渠道对各类型成熟作品的接触逐渐增多，对作品的接受度自然逐渐苛刻，成熟而不失创意的服饰刺绣会时常影响他们对周遭审美的要求。

这些现代环境下产生的特殊审美需求直接影响了中国服饰刺绣创新的成功与否，在根据不同的服饰要求，如表演服饰中用服饰刺绣甚至产生的肌理来外化人物内心，表现人物身份处境，营造悲、喜剧气氛的同时，现代审美需求也应作为重要考虑因素，始终伴随设计过程展现于现代观赏者面前。

三、中国服饰刺绣创新的具体方法

其实，在中国悠悠4000年刺绣发展史中，会有很多
值得现代重新拾起的刺绣设计创新理念。古时的服饰刺绣
与其他艺术的关联度很高，会在绣纹中受到很多陶器、玉
雕、编织物上图案造型的启发，如至今都让人赞叹的战国
刺绣纹样和排列技巧，讲究灵活富于变化，与同时期的金
银错工艺、彩绘石磬、蚩尤环纹路以及编织和纺织提花排
列不无相通。在闭门发展本国刺绣和走向西化之路两种极
端的现代服饰刺绣开发中，早在唐代把两者间恰到好处进
行创新的举动也给世人以启发。中国唐代较之历史上的其
他朝代，有很多吸收和融合外来文化的痕迹，西北诸邦国
以及印度、波斯、叙利亚等国文化艺术在唐代包括服饰刺
绣在内的各领域中都有渗透，初唐从波斯吸收，之后又经
历逐渐本土化演变的联珠团纹便是很好的例证。但最可贵
的是，唐代把它们做到一种极恰当的本土化"消化"而不
是生搬，使之融于中国服饰刺绣独特的大体系之下。

除此之外，历史上的反常规刺绣处理也时有存在，例
如，在中国创新现状中提到的如今影视剧服饰刺绣经常采用
的"锦上添花"绣，追溯到历史上看，甚至能发现它早已存
在的身影。早在两千多年前的湖北望山沙冢楚墓中出土的石
字纹锦表面上，便已出现石字菱纹锦上再走绣线，使之更富
立体化的"锦绣合璧"绣法；东汉时期深黄色飞云双禽纹织
锦上绣云纹的残片，也是在丰富的图案织锦上重新加入一种
新的刺绣图案，可谓既有层次又活泼生动的典型代表；包括
如今的画绣，也是自古便存在的巧妙服饰绣法之一。画绣
有"补画绣"——只绣服饰中图案的一小部分，其余部分用

各种画的方式完成，使画与绣生动结合，节约了刺绣时间又不失中国古韵；也有"染绣"（第四章针法部分提到），先用一种颜色的绣线（通常较浅）在面料上绣出纹样，再用颜料着色方式把单一色彩绣纹晕染上不同颜色，产生类似各种渐变针法的视觉效果。可见古代绣画并用的很多，然而，现代的绣画并用却如"染绣"古法一样，如今的作品中它与一针一线的传统刺绣晕色相比，认为是不及传统晕色技艺复杂精湛，无法登上大雅之堂的佳作，而且即使在现代服饰刺绣努力开发中，本有很多创新空间的画绣，也并没灵活地做出很大突破，相反是在惯有的传统针法中无法真正解脱。

中国古代刺绣中已流露出的设计思维和创新是应该被觉察的，我们应该如西方人对历史的尊重和继承一样，理解、掌握、继承中国传统刺绣，以此基础结合自信大胆的现代创新，顺势而为。

中国刺绣的传统审美原则结合现代追求的审美新概念，参考西方现代成功案例，创新可行的具体方法目前显现出如下可能：

（一）在相关元素的添加和组合上发展丰富性

丰富性是现代服饰刺绣审美的倾向，然而中国传统刺绣的含蓄内敛一直崇尚着平、顺、光的美感，与西方自古矛盾冲突之丰富美完全不同，貌似与现代追求冲击感相悖，以致让很多国内设计者出现两种极端——不敢太过大胆以流失传统美感；放大胆量丰富而生硬冲击着传统神韵。看似尴尬得难以调和，实则不然，如果想在传统中国服饰刺绣基础上改变它的平面性，为现代审美添加视觉丰富和立体层次感，只要坚守一个突出的传统特质——元素视觉的相关性，如创新选材，抓住传统的真丝质感和含蓄的光泽度这一特质，围绕它来选择多样化但相似质感的新材质，即使这些元素以多样化组合在一起，也不会破坏中国传统韵味。

下面来进行两个实物对比，说明同样表现丰富性的两种不同风格服饰刺绣给人的不同感受。香奈儿品牌2015年高级定制发布会中的一款刺绣裙，真丝纱的绣地儿上用立体刺绣的方式，但材质上仍然选择和绣地儿相同以及有相似度的纱质和轻柔飘逸羽毛做立体层次的刺绣处理，并在一朵朵纱上处理成渐变色彩，从质地、色彩、造型方面都控制在柔和渐变的审美中，倒略散发出一股中国韵味（图5-23）；而另一款西方刺绣作品中，刺绣的材质追求毫无节制的冲撞感，粗棉线、大眼网、螺丝圈状装饰、大大小小的异形珠等在不同针法集合下，各材质的小轮廓边缘相对清晰，加强了对比感，有着明显西方激烈跳动之美（图5-24）。虽二者都具有丰富感，但一个含蓄柔变，一个活泼跳跃，显然第一幅作品让设计者看到了中国服饰刺绣创新把传统与现代丰富感绝佳融合的希望，创新元素与传统元素的相关性和整体统一感必不可少。

图5-23　香奈儿品牌2015高定服装作品(局部)　VOGUE网

图 5-24　碰撞元素的刺绣创意作品　Flickr 网

（二）中国传统服饰刺绣的流畅性特点可现代开发

中国古代小到刺绣的每一针，大到服饰的宽袍大袖，甚至在书法、国画、瓷器中都散发着特有的流畅美。刺绣本身是从纤维织物的排列中形成的，如果服饰中，通过刺绣等手段从纤维织物的排列概念出发把设计延伸开来，并追求流畅的形态效果，正如秘鲁艺术家安娜·特蕾莎·巴尔博萨在她的刺绣画作中用绣和线的流畅感表现出突破画面之外的延伸性一样，在中国刺绣创新中为服饰做流畅感或延伸感甚至更多诸如此类的开发，会使刺绣与肌理彼此又亲密地走近一步，尤其对当今力求推陈出新的舞台，服饰中如果利用传统刺绣的流畅审美不断衍生出新的肌理感，在舞美和灯光相呼应中会丰富舞台视觉层次，增加舞台表现力，而且有时特定演出需要，配合人物的表演肢体，用这种方式使服饰在舞台上产生延伸性和流动感，既是对中国流畅之美的传承又可以刺激现代人的视觉感受（图5-25）。

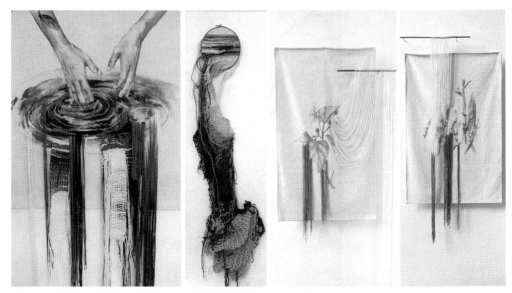

图 5-25　秘鲁艺术家安娜·特蕾莎·巴尔博萨的刺绣作品　JuxtaPoz 网

（三）新颖的服饰绣地儿配合适当刺绣针法可通力表现特殊效果

在一些特定风格下，服饰刺绣完全可以从选绣地儿开始到绣线、色彩、针法的设计，共同结合来帮助服装形成意想效果。尤其绣地儿的巧妙选择可以用不同针法有意识地在刺绣图案某部位露出绣地儿面料，有效节省满绣时间，又和绣线材质一起营造出丰富的预想特殊效果。

蒲松龄《聊斋志异》改编的话剧《翩翩》中，女主角树妖之女翩翩的一身服装就很出彩。由于剧中很多戏曲化手法存在，选角时特地在大青衣演员中进行挑选，肢体上相应运用到很多戏曲身段，因此服饰中设计有传统戏曲的女帔元素，但又表现出很大不同。由于《聊斋志异》中女鬼形象也要在人物造型中有所阐释，因此采用叶子图案符号，象征女鬼的身份和哀婉气质，叶子从领口到两袖、由密布到飘零分布，领口叶子尽量浓重，刺绣叶子的绣地儿选择一款珠光效果半透明纱，泛出深邃闪烁的蓝，然后用反差较大的几种蓝色系色彩过渡绣线，机绣仿套针从叶子外轮廓往内刺绣，当绣线由绿过渡到蓝色时，针法渐稀，有意在叶子中心露出深邃而泛光的绣地儿质感，避免单一绣线质感布满整片叶子。用特殊绣地儿增加层次和人物的神秘效果，又因为镂空省去部分刺绣的工时，在舞台灯光营造下，更有神秘感而又不失中国内敛之美的气质。身上的叶子图案则采用另一种刺绣方法表现，先用电脑设计排版并完成具有水墨画效果的数码印，然后用仿水墨笔触的刺绣针法在每个数码印印好的叶子一侧刺绣，刺绣的线迹比单纯的数码印在舞台上光泽度更好，而且加强了立体生动感和层次。从领部略带炫彩效果的刺绣到画绣的两种刺绣方式，本身就会产生变换的丰富感和虚实主次之感，避免了传统戏衣刺绣的面面俱到，并精简时间、财力，又更贴近现代审美（图5-26），巧妙地利用绣地儿在刺绣图案中发挥作用将会有无限可能性。

图5-26　话剧《翩翩》中翩翩一角的刺绣服饰（局部）

（四）中国精致的传统刺绣亦可表现糙化肌理感

中国传统服饰刺绣向来以典雅精致闻名，然而置身于多元化的现代，尤其舞台艺术中，经常需要服饰表现力更丰富，或华贵耀眼，或衣履阑珊，刺绣作为自古传下的经典手艺，可以随现代需求在形式风格上有更多尝试。在舞台和影视剧中，近年来各类古装人物形象层出不穷，久远的历史感、原始的生活痕迹、浪荡潇洒的人物气质都是设计者绞尽脑汁试图用服装语汇进行表达的。刺绣作为文化底蕴深厚的服饰语言，只要恰当地开发，可以有力地帮助塑造古代人物角色和各种状态，必要时需要进行糙化处理。糙化的效果有很多表现方式，中国传统刺绣的糙化面貌在审美方面与西方是截然不同的，在把绣地儿面料做各种肌理处理和绣线材质、针法、图案造型的设计选择上一定要注意和谐性，这是东方的神韵，在此基础上可以把以上提到几个因素大胆地肌理化、糙化。

还是以话剧《翩翩》为例，根据剧本和导演意图，人物塑造上力图把人间百态尽入眼底的丑儿一角意化为流浪乞儿与嘲讽世俗的智者混合体，最终的设计方案是巧妙地将具有慧根的道士形象与"草根"的破烂感在服装上融合表现。由于同样戏曲化的人物表演风格，戏曲的装饰感较之粗糙邋遢的话剧手法上需有所节制，因此只在色彩上加入显示贫民感的棕色调，并在肩部用两块八卦图的棕色补丁"装饰"，使它既为补丁又带有神话符号。虽是八卦图，但依据他自嘲的低调身份，极糙的形象表现，补丁上把一块真丝面料粗糙肌理化后使用堆绫绣。阴阳的另一半则以凌乱的粗布堆积出不均匀起伏的肌理质感，之后再把这块肌理面料作绣地儿用真丝线进行平针绣，阴阳面料相接处用粗明线显眼而略带笨拙感的手法压于上面，且左右两块补丁色彩和手法略有不同。虽然比传统刺绣趋于立体糙

图5-27 话剧《翩翩》中丑儿一角的服饰（局部）

化，但选材的性质与和谐性使整体没有脱离中国审美，同时肌理感使舞台表现力更强（图5-27）。

以同样的原理，也可在绣地儿面料上做拼布和斑驳染色处理，再把刺绣图案设计成抽象化扭曲感造型，配合相应的针法。仅以此铺地营造氛围，再在其上正式绣以东方韵味的枝叶等造型，仍然会把层次变得更为丰富，又并不西化。在针法上做文章进行糙化处理的刺绣也有很好的呈现效果，总之，各个刺绣构成因素都可灵活地进行"糙化"开发。

（五）刺绣片状形态感的强调

中国古典审美中的平面感不单表现在衣服的平裁上，刺绣中的平面感也十分鲜明。平面的片状感与凹凸起伏的浓烈体积感可谓中西方造型的典型区别，因此这种片状的美感确实应该有所保留地在创新中被发挥，西方刺绣做各种体积感的同时，中国的片状层次感刺绣依然可以奏效。如在贴布绣基础上，把最能显示出片状感的布边让出，边缘靠里一点距离任意地走绣线，装饰的同时使贴布与服装绣地儿面料固定，边缘处明显所见的两层布一起制造出层次感，又通过布边的不规则起伏在不同光感中有明显阴影落在底面料上，来强调肌理和复杂效果。还可以同样用片状布以画绣方式强调层次感，如2015年英国新兴时装品牌House of Holland中主打的装饰图案，在胸前印好的花卉图案平面上额外附多层仿花瓣布片。虽然与西方创新刺绣案例中的花瓣处理有相似，但本质的不同是大多花瓣往往堆有鼓起的体积感，而这款花瓣特点显现出柔软又单薄的层层片状，为了更丰富层次，用柔和的珠绣轻微勾勒出平面花朵的片片花瓣，与立体而随时飘动的花瓣很自然地形成层次强弱感的呼应，整体服装在胸前片状刺绣的看似收敛中却带有让人触手可及的现代审美刺激。

（六）借以刺绣透明程度的不同相组合表现层次

其实中国古代各个艺术领域的审美共性除了平面化，还有虚实感。正如中国山河美景中时有笼罩的烟雾缭绕，那朦胧的虚幻仿佛眼前撩起一层薄纱，中国被赋予的这片自然物象，使字画和刺绣等艺术都意在虚虚实实间变幻莫测。如仔细观察，中国刺绣始终与透明抑或非透明的纱或丝有着密切关系，因此我们完全可以大胆地在这个方向上寻求创新灵感，如阿玛尼2015年高定服装一样，刺绣图案设计成抽象化的中国竹叶造型，附于胸部和整个裙摆上层叠组合。透明度高的竹叶自然虚化在较实面料的大片竹叶之后，再有通体的浅色透明纱面料绣地儿配合，整件衣服的视觉空间感跃然而生，保有平面的特质又有并不死板的层次感，而且纱与纱的交叠会出现另一层美妙的色度，好像水彩画的层层叠色效果，多变的层次在不同透明度材料的叠加中形成（图5-28）。

（七）刺绣材质的选择可尝试具有中国特征元素

坚守着中国传统刺绣中的某一因素，或者"神似"某一因素，其他方面天马行空地发挥，把握这一原则或许会很好地解决被传统所框住和过度西化的两个极端。其实在服饰刺绣的材质方面，现代开发可以有更广泛的想象空间。目前很多艺术领域都有对传统的颠覆，取而代之的是另一批极具典型性的中国符号，竹子、竹叶、藤条、蓑草、木、玉等被拿来做新的设计尝试。但在服饰刺绣中，目前少有相似迹象出现，所谓的新材质在刺绣中也经常会被偏向西方审美的材质吸引，大量运用好似西方热情奔放外露性格一样强烈光感的宝石和亮钻时，其实可以替换为含蓄光感的玉石和温润光泽的木制品。

设计者可以更敏感地抓住材质中的中国符号与刺绣传统针法下的材质共同点，如丝滑的绣线在有规律的排线中

图5-28 阿玛尼品牌2015春夏高定服装作品 来源：网络

稳定而柔和的变化，藤草同样具有和传统绣线相似的线状感，模仿刺绣原理把线状藤草附着在服装上，可以共同演绎一种别样的中国韵味，即使没有和绣线一样灵活穿梭面料正反面的特性，藤草依然可以有规律地条条紧挨排列，再用平金钉线法固定，并造型出想要的图案。除了材质上的不同，中国传统刺绣的形式和散发出的内敛安静的平齐针法丝毫没有消失，只是在另一种中国符号中意象化地让观者感知了，试想服装在此类刺绣手法的中国意境中，整体面貌也会被大大颠覆。

（八）晕染渐变的效果亦可通过刺绣针法、图案和材质之间协作实现

上面多次提到，中西服饰传统审美中一大区别特征在中国讲究渐变和虚实的变化，而西方是轮廓清晰分明的块状感。中国设计者其实也早已抓住这一特征，单是服饰领域对渐变的设计案例已并不少见，面料染缬上、面料层次上和服装的款式轮廓上大量出现用渐变和晕染展示中国魅力的作品。但当开发其他服饰因素表达此特征之时，刺绣却是被忽略的，还只停留于传统针法的抢针、套针、虚实针等过渡针法以绣线色彩不停更换下实现渐变效果，偶尔在画绣结合中也有现成造型感的图案有实有虚地被潇洒走上绣线提气，别无他法。当人们认为中国传统服饰刺绣没有更多可玩的新意，把精力重点放在别处表达渐变时，其实刺绣的图案、针法甚至其他方面都是有很大开发余地的——可以用针法上针迹的长短、疏密、排列的错落组合；绣线的粗细；图案设计的抽象和轮廓虚化等来共同实现。前文梳理过中国传统刺绣图案从历史初期变幻莫测的抽象造型发展到后来逐渐具象化的发展过程，明清刺绣图案的端庄理性影响和束缚了今天的设计，但现在既然了解了刺绣图案的演变史，未尝不可再从理智到某种新的抽象进行转变。

（九）服饰中刺绣位置的变化设计

目前的服饰刺绣中，尤其影视剧、戏剧中所出现的服饰刺绣，图案经常根据人物的综合因素（生活背景、年龄、性格、气质、身份职业……）用相应的刺绣象征法进行表现，同时又带有装饰效果，龙、凤、牡丹、玉兰、百合等刺绣图案在服饰中时有出现。但其实利用图案投入大量精力辅助塑造人物的同时，刺绣位置也可随之大做文章。中国自古有把刺绣象征化的传统，为何不可从刺绣位置角度着手，在用款式、配件、其他装饰手段设计某种寓意性服装时，刺绣也可以任意地替代它们，通过位置和图案造型形成的视错效果，实现更富深意的服饰语言表达。

以戏曲化手法制作的话剧《翩翩》中，书生罗子浮作为贯穿全剧最重要的人物，从科举失利、堕落流浪、身染疾病到被林中少女翩翩所救，获得爱情同时也获得面对生活的勇气，回到家乡平凡地开书馆育人……编剧借古代知识分子隐喻当今知识分子，为了使二者含蓄又具有表意地产生关联，视觉上力图通过人物服装对这点进行意会——在罗子浮大襟古袍的左胸前横了一支刺绣花草纹，通常古袍中此处鲜有孤立的图案造型出现，但远看胸前单独横着的这条明显装饰线，和中山装或是知识分子惯有的衬衣造型中，左胸前那个似乎永远存在的插笔兜线条略有神似，利用视错的远效果使二者产生关联，让观者情不自禁完成古今知识分子之间的关联。为了符合戏曲小生性格特点在领口处相应地以刺绣图案装饰呼应，经过斟酌，罗子浮的服饰刺绣花卉选用看似普通却生命力顽强的牵牛花，用象征寓意塑造人物性格、气质和境遇，胸前那支孤独的牵牛花，静止在那里表征着一切。整体服装通过款式设计和裁剪把古袍的领型、袖子和下衣摆做了变形处理，斜露一侧颈根的不对称领子与行动中拖沓的袖子、略有堆地的下摆，在精致的牵牛花刺绣装饰中顿生矛盾感，人物想要表达的颓废中寻找自我的视觉外化不言而喻，而且刺绣的光泽、厚度，还有同服装面料紧密的贴合度，会使象征语言强化、突出又充满中国韵味（图5-29）。刺绣的位置可以结合服装款式或是结构来突破性设计，以这一思维服饰刺

图5-29　话剧《翩翩》中罗子浮一角的服饰

绣可开发的余地又将很大。

以上这些方法仅为目前尚需发展的中国服饰刺绣创新提供一点可行的启发，所呈现出的可能性，随着越来越多的人对服饰刺绣关注度和认知度的加强，一定会更多。

虽然现代技术和新兴产品出现，冲击着人们心中还保有传统地位的刺绣，仅是绫锦、染缬工艺、数码印花等就能达到无比丰富的面料效果，但这些并不意味刺绣被其他新兴手段所取代，而是想方设法把所有的新旧事物和手段在服饰中打通融合，相互作用，既保有传统服饰刺绣的精髓，又利用现代资源使服装焕然一新。

最后在现代服饰创新中提一下机绣和手绣的使用比重问题，目前中国的高级定制领域，精工细作的华丽服饰中手绣占以绝对比重，而在刺绣大量出现的表演服饰中，戏曲服饰里比较讲究的戏衣还是程式化地坚持纯手绣，但已为数不多，越来越多的更趋于手绣与机绣的混合，而影视剧、舞台演出中受制作周期、数量、成本因素制约，几乎以机绣为主，当确实无法达到效果时会采取与手绣结合的手法。的确，机绣技术的出现大大提高了服装刺绣的制作效率，但事实证明，手绣依然不会被完全取代，希望设计者，尤其表演服饰设计中，在实际经济因素的考虑之余，根据不同表演的需要，面对不同种类影视剧、复原历史的大型纪录片、概念性演出等，甚至一出戏中出现的不同服装造型，能结合具体创新办法，灵活恰当地选择手绣、机绣或二者的结合的手法，把以上提到的经济、周期、题材性质、创新方法几大因素综合考虑。

结语

　　中国自古发明了养蚕织丝，并相继开发出包括锦、绣在内的手工织造业，锦和绣虽常会被齐名并称，但刺绣始终以更高的工艺手段和艺术价值吸引着王公贵族，乃至海外各国的纷纷追捧。而且在每一个历史时期，服饰刺绣随着从未间断过的市场需求顺利发展，在中国的发展可谓稳中有进、自成一格，与西方有鲜明的不同，在不骄不躁的平稳中繁荣走到了清代。清时期，甚至远在西南的蜀绣都有很大发展，并逐渐划分了三大刺绣类别——行头（戏曲装、神袍等）、穿货（霞帔、挽袖等日用系列）、灯彩（红白喜事用品），刺绣行业在各个地区都呈现出一片欣欣向荣的美好景象。

　　可以看出，刺绣的发展与需求间总有着微妙的亲密关系：在发展中既带有一丝不苟的刺绣态度，也有时刻不被时代抛弃的刺绣观念与行为。在这样的发展中，需求的热度与发展始终成正比关系。据说宋代对面料罗的生产质量把控十分严格，无论尺寸还是重量厚薄都要求一丝不苟，凡检查不合格的面料必做印章标记给予处罚。从对其他丝织物的织造态度来看，可以推断当时对包括刺绣在内的相关产品严格追求质量的态度，丝毫不影响同时期国内甚至西方市场的热销；反过来，对服饰刺绣的大量需求又直接促进它更有利地发展和创新。据记载，直到1925年左右，蜀绣绣品依旧持续热销，这直接刺激了蜀绣织造业的发展，仅成都就有从业人员一千多人，店铺六十余家。虽然进入清末这个特殊时期，发展的理念因缺少一些前瞻性，致使面临严峻的危机，但就单看那段时期，市场需求对刺绣发展仍是有推动作用的。

反之亦然，市场的萧条萎靡与发展的粗陋不当相互作用，亦可产生恶性循环……中国打开国门，进入现代生产生活方式后，服饰刺绣状况开始不容乐观。很多致力于刺绣的从业者都无奈地表示，包括服饰刺绣在内的整个刺绣行业很艰难，市场萧条。以戏曲服饰为例，似乎刺绣总和戏曲兴衰命运紧紧相连，戏曲的衰落直接使全国的剧装厂不再景气：雇佣几个机绣者，手绣者越来越少（大多面临年龄偏大，逐渐退休问题），这样的局面使工艺水平更加缩水。即便刺绣从业者把部分希望放在国家扶持上，国家确实也出台了一定鼓励政策，为了保护和发展刺绣手工业，从早期把民间刺绣从业者召回统一安排工作，并给予一定的待遇，到如今每年给予大师刺绣工作室扶持资金，但市场无法回到往昔的繁荣景象，还是依旧直接影响着刺绣技艺的发展。

其实，以技法体现为主的刺绣从业者是无奈的，国家的扶持也仅是辅助性的一方面，目前看，只有先进思维的相关设计行业引领带动才会最为有效。从根本上改变传统服饰刺绣理念和方向，让它切实实现现代发展创新以满足现代人需求，才是拯救刺绣现状的法宝，无论影视舞台的表演服饰还是时装领域，具有先进的创新理念，吸收刺绣等宝贵工艺的精髓才是根本，它们都是几千年中国服饰上不曾消失过的语言。不可否认，进入现代的尴尬处境有部分原因是历史形成：从整个服饰刺绣历史发展过程来看，刺绣先由简练大气到精于繁复（由于人类文明的发展，农业、手工业逐渐发达，农耕社会性质使闲置人群习惯以刺绣等手工艺消磨时间），然而在民国时期的一片混乱中，中国突然进入现代化进程、工业化节奏，还几乎停留于20世纪的刺绣技艺很难立即调整，与新的社会节奏相融，即使影视剧、戏剧这些经常需要直接面对刺绣的服装中，也很难一下找到最佳设计思路，整个服装领域逐渐回避刺绣。刺绣的贫瘠状态，使之没得到进步，准确地说，从整个历史看是略显倒退，因此刺绣的发展可概括为简练——繁琐——简单的历史脉络，刺绣发展的质量令人担忧，更何况市场……

如果说中国服饰刺绣是从复杂精细的传统特征到如今的简单粗糙，西方相对于中国，则是从简单（制作工艺角度）到简练创新。西方服饰刺绣创新发展使之具有很多成功和拥有市场热度的具体案例：以香奈儿品牌为代表的很多高级服装始终没有停歇过对传统刺绣的创新运用，与它长期合作并在合作后期被正式收购旗下的巴黎Lesage刺绣工坊，珍藏着100多年来积累的4万份刺绣版本，有超过60吨供应品存货，同时时刻没停止过同设计师一起为服装刺绣研发创新，制作工序也一丝不苟。质量与创新是发展的两大要素，正是保证质量与创新的发展，毫无疑问带动了他们布满刺绣的惊艳服饰在全球范围内热销。如果没有势头良好的市场，Lesage不会在2014年又果断收购了远在印度金奈的Vastrakala刺绣坊。

可以从中得到的启示是，中国刺绣应在深入了解传统、尊重传统之下，进行继承传统审美的创新，让现代创新作品呈现出既含有中国属性，又同西方一样被现代人所接受，始终保持在现代思维的前沿的特点。不得不说，在对东方文化与时俱进进行探索方面，日本可谓成功地先我们一大步。他们首先积极地接受中国影响，学到了养蚕、丝绸、刺绣、陶器、书法……服装式样也明显如此。紧接着下一阶段，开始大力变革，由于打开国门较早，具有东方魅力的传统艺术与时代创新适时得到推进，在与欧洲的贸易往来中渐显优势，尤其19世纪末开始，中国的蚕丝业在日本同行业的压迫中面临历史以来的悲剧，刺绣也同样被后来居上的日本竞争。日本的成功经验再一次让我们清醒——服饰刺绣的发展中质量、传统、创新缺一不可。日本对传统东方文化，尤其中国文化的研究虽然威胁到中国的利益，但有一个事实永远不会改变，这些传统文化和艺术的根依然还深深扎在中华大地上，几千年来生长出的复杂性体现在刺绣上，在其他文化艺术领域也无不存在，而这显然是谁也取不走的。

中国服饰刺绣成熟的创新成果会带动市场需求，让刺绣产业复苏，甚至重现历史上的辉煌，到时不仅国内的服装领域对刺绣需求量加大，各个艺术领域或许都会受到影响，而刺绣水平的提高，创新意识地加强对吸引海外订单也将重新恢复竞争力。刺绣创新理念在服装这个天然契合的载体上孕育发展着，同时服装领域也会借此势头推动自身的发展，融合着刺绣带来的更具风情、更具中国辨识度的现代颠覆感，中国刺绣服装通过公众人物、T台、大银幕和国际舞台等越来越多的展现机会，成为惊艳世界的一枝独秀或许已并不遥远。

参考
文献

[1] 休·昂纳.中国风：遗失在西方800年的中国元素[M].
    刘爱英，秦红，译.北京：北京大学出版社，2017.

[2] 乔丹·桑德.近代日本生活空间：太平洋沿岸的文化环
    流[M].焦堃，译.北京：清华大学出版社，2019.

[3] 沈从文.中国古代服饰研究[M].北京：商务印书馆，
    2011.

[4] 黄能馥、陈娟娟.中华历代服饰艺术[M].北京：中国旅
    游出版社，1999.

[5] 粘碧华.刺绣针法百种：简史与示范[M].台北：雄狮图
    书股份有限公司，2003.

[6] 中国织绣服饰全集编辑委员会.中国织绣服饰全集2：
    刺绣卷[M].天津：天津人民美术出版社，2004.

[7] 宋俊华.中国戏剧服饰研究[M].2版.广州：广东高等教
    育出版社，2011.

[8] 殷安妮.清宫后妃氅衣图典[M].北京：故宫出版社，
    2014.

[9] 宗凤英.清代宫廷服饰[M].北京：紫禁城出版社，
    2004.

[10] 高汉玉.中国历代织染绣[M].香港：商务印书公司，
     1986.

[11] 中国戏曲学院编.中国京剧服装图谱[M].北京：北京
     工艺美术出版社，2000.

[12] 故宫博物院.天朝衣冠[M].北京：紫禁城出版社，2008.

[13] 包铭新.西域异服：丝绸之路出土古代服饰复原研究[M].
上海：东华大学出版社，2007.

[14] 康慧芳，等.指尖春色[M].北京：炎黄文化出版社，
2014.

[15] 邢莉.中国女性民俗文化[M].北京：中国档案出版社，
2000.

[16] 沈寿口述.张謇整理.雪宧绣谱[M].南通：南通翰墨林书
局，1919.

[17] 丁佩.绣谱[M].合肥：黄山书社，2015.

[18] 东北戏曲研究院研究室.中国戏曲服装图案[M].北京：人
民美术出版社，1957.

[19] 张乃仁，杨蔼琪.外国服装艺术史[M].北京：人民美术出
版社，1992.

[20] 全金.19世纪末20世纪初俄罗斯舞台服装[M].济南：山
东美术出版社，2008.

[21] 岑家梧.图腾艺术史[M].上海：学林出版社，1986.

[22] 高汉玉.望山沙冢楚墓：望山楚墓出土织锦和刺绣[M].北
京：文物出版社，1996.

[23] 湖南省博物馆.长沙马王堆一号汉墓（上）[M].北京：文
物出版社，1973.

[24] 荆州博物馆.江陵马山一号楚墓[M].北京：文物出版社，
1985.

[25] 张绪山.中国育蚕术西传拜占庭问题再研究[J].欧亚学刊，
2006（8）：185-197.

[26] 孙希武.满族女真时代服饰文化考[J].科教导刊，2013
（26）：168-169.

[27] 刘杰.金代女真人服饰的变化[J].辽宁工程技术大学学报
（社会科学报），2013（6）：4.

[28] 张越，张要登.齐国舞蹈艺术探究[J].管子学刊，2011（4）：27–35.

[29] 陈珊珊.在历史活动下考察对女性乐人多词通称的现象[J].艺术研究：哈尔滨师范大学艺术学院学报，2012（1）：76–77.

[30] 邢志向.对山西闻喜寺底金墓出土的伎乐砖雕分析研究[J].音乐大观，2013（12）：228–229.

[31] 董洁.唐代女性玉首饰[J].文博，2013（1）：42.

[32] 赵曼.傩戏对中国戏曲的影响[J].时代教育，2015（1）：265.

[33] 曹连明.清宫戏衣与神魔戏[J].历史档案，2008（3）：120.

[34] 胡继芳.广绣的艺术风格及其与西方艺术的相互影响[J].丝绸，2009（8）：45.

[35] 洪琼，彭伟，任本荣.针尖上艺术探索——汉绣针法新解[J].美术大观，2010（7）：74.

[36] 张玉霞.试论我国先秦时期的丝织文化[J].黄河科技大学学报，2007（1）：31–33.

[37] 刘云.中亚在古代文明交往中的地位[J].西北大学学报（哲学社会科学版），1980（01）：104–108.

[38] C.N.鲁金科.论中国与阿尔泰部落的古代关系[J].考古学报，1957（2）.

[39] 徐勤.丁佩《绣谱》价值判断[J].创意设计源，2014（6）：46–51.

[40] Daniel Delis Hill.*An Abridged History of World Costume and Fashion* [M].Hoboken：Prentice Hall，2011.

[41] Sharon Sadako Takeda.*Fashioning Fashion：European Dress in Detail，1700-1915* [M].Los Angeles：Los Angeles County Museum of Art，2010.

[42] Parul Gupta.*Costume Designing* [M].Delhi：MD Publications
Pvt Ltd，2008.

[43] Gail Marsh.*18th Century Embroidery Techniques* [M].London：
GMC Publications，2012.

[44] Helena Matheopoulos.*Fashion Designers at the opera* [M].London：
Thames & Hudson，2011.

[45] Akiko Fukai.*Fashion：A History From the 18th to the 20th
Century* [M]. Cologne：Taschen，2002.

[46] Sheila Paine.*Embroidered Textiles：A World Guide to
Traditional Patterns* [M].London：Thames & Hudson，2008.

[47] Jennifer Harris.*5000 Years of Textiles* [M].London：The
British Museum Press，2010.

[48] Kathleen Mann.*Peasant Costume in Europe* [M].London：A. & C.
Black，1937.

[49] Susan North，Jenny Tiraman.*Seventeenth - Century Women's
Dress Patterns：Book 1* [M].London：V&A Publishing，2011.

[50] Janet Arnold.*A Handbook of Costume* [M].London：Macmillan
London Limited，1973.

[51] François Boucher.*A History of Costume in the west* [M].London：
Thames & Hudson，1988.

[52] Deborah Nadoolman Landis.*Filmcraft：Costume Design* [M].
Waltham：Focal Press，2012.

[53] Jan Glier Reeder.*High style：Masterworks from the Brooklyn
Museum* [M].New York：The Metropolitan Museum of Art，
2010.

[54] John E.Bowlt，Nikita D.Lobanov–Rostovsky，Nina Lobanov–
Rostovsky.*Masterpiece of Russian Stage Design：1880-
1930*[M].East Hampton：ACC Publishing Group，2012.